金属带式无级变速器
钢带轴向跑偏研究与控制

臧发业　郎伟锋　著

化学工业出版社

·北京·

内 容 简 介

本书基于金属带式无级变速器（金属带式 CVT）的传动机理，从金属钢带受力和运动两个方面揭示了传动钢带产生轴向偏移的原因，探讨了金属钢带轴向偏移的规律，系统全面地研究了消除金属钢带轴向偏移的方法及其效果；设计了一种能消除传动钢带轴向跑偏的电液控制系统，通过实时检测及调整主、从动带轮可动锥轮的位置消除了传动钢带的轴向跑偏。

本书具有较强的技术性、实用性和针对性，可供从事金属带式无级变速器的使用、设计和制造等的工程技术人员、科研人员和管理人员参考，也可供高等学校车辆工程及相关专业师生参阅。

图书在版编目（CIP）数据

金属带式无级变速器钢带轴向跑偏研究与控制/臧发业，郎伟锋著 . —北京：化学工业出版社，2021.6

ISBN 978-7-122-39224-4

Ⅰ.①金… Ⅱ.①臧… ②郎… Ⅲ.①金属带-无级变速装置-轴向位移-研究 Ⅳ.①TH132.46

中国版本图书馆 CIP 数据核字（2021）第 096978 号

责任编辑：刘　婧　刘兴春　　　　　　　装帧设计：张　辉
责任校对：王　静

出版发行：化学工业出版社（北京市东城区青年湖南街 13 号　邮政编码 100011）
印　　装：涿州市般润文化传播有限公司
710mm×1000mm　1/16　印张 11　彩插 2　字数 182 千字　2021 年 12 月北京第 1 版第 1 次印刷

购书咨询：010-64518888　　　　　　　售后服务：010-64518899
网　　址：http://www.cip.com.cn
凡购买本书，如有缺损质量问题，本社销售中心负责调换。

定　　价：85.00 元

前 言

　　金属带式无级变速器（金属带式 CVT）是一种新颖的、有挠性中间体的机械摩擦式变速器。它具有结构简单、承载能力强、变速范围大、体积小、效率高、噪声低、节能环保等特点，已广泛应用于车辆和机械传动系统中。由于锥轮的工作面大都是直母线锥面，V 形金属块的侧边也是直线，其优点是加工方便、金属块与锥轮的接触强度高等。但金属带式 CVT 的特定变速方式决定了在直母线锥盘条件下，变速过程中金属带必然产生轴向偏移，即在速比 $i \neq 1$ 时，主、从动带轮 V 形槽的对称线不重合，使得金属带的对称线不在锥盘轴线的垂直平面内。金属钢带的轴向偏移会导致带与带轮的相互滑移和附加磨损，消耗额外能量，这将直接影响金属带式 CVT 的传动性能和传动效率，在偏移量过大时将使金属传动带、带轮严重磨损，导致金属带式 CVT 不能正常工作，因此必须予以消除。

　　金属带式 CVT 的夹紧力和速比采用液压系统控制。液压传动以其传动平稳、调速方便、功率质量比大、控制特性好等优点，在工程领域得到了广泛的应用，在某些领域中甚至占有压倒性的优势，例如工程机械大约 95％都采用了液压传动。目前，液压传动已成为机械传动领域中重要的传动形式之一，液压传动系统的动态性能对整个机械系统的性能有直接影响。尤其是液压传动系统的能量利用率即传动效率并不高，例如挖掘机液压传动系统的能量利用率一般不超过 30％，如此多的能量损失不仅会造成极大的浪费，还会对设备的可靠性和工作性能产生较大影响。无级变速传动集电子、控制、液压和机械等技术为一体，其产业化和广泛应用可带动我国整个制造业快速发展。金属带式 CVT 与六档机械式自动变速器相比，燃油经济性提高了 5%～10%，排放降低了 10% 以上，动力性及平顺性也得到了明显的提高；且金属带式 CVT 结构简单、使用维护方便、生产制造成本较低。

本书基于金属带式 CVT 的传动机理，从金属钢带受力和运动两个方面揭示了传动钢带产生轴向偏移的原因，探讨了金属钢带轴向偏移的规律，系统全面地研究了消除金属钢带轴向偏移的方法及其效果；提出并设计了一种能消除传动钢带轴向跑偏的位置控制方法及其电液控制系统，并对其进行了仿真和试验研究。结果表明：所提出的位置控制方法及其电液控制装置，能实时检测及调整主、从动带轮可动锥轮的位置，消除了传动钢带的轴向跑偏，具有较高的理论水平和应用价值。本书具有较强的技术性和针对性，可为从事金属带式 CVT 的使用、优化设计和制造等工作的专业读者提供理论依据和技术参考，有利于提高我国金属带式无级变速器的市场占有率，具有很高的经济效益和社会效益。

本书由山东交通学院臧发业、郎伟锋著。限于著者水平及撰写时间，书中不足和疏漏之处在所难免，敬请读者提出修改建议。

著者
2021 年 3 月

目 录

第 2 章　金属带式 CVT 传动机理

第 3 章　钢带轴向跑偏的动力学分析

第 4 章　钢带轴向跑偏的影响

第5章 钢带轴向跑偏的控制方法

第6章 钢带轴向跑偏电液控制系统的研究

第7章　总结与展望

附录

参考文献

第 1 章　绪论

　　无级变速传动（continuously variable transmission，CVT），由于其能够适应机器运转过程中工况多变或转速连续变化的要求，因而广泛应用于纺织、食品、造纸、橡胶等轻工业部门，而且也用于工作母机（机床）、起重运输、石油化工等各类机械设备中，特别是近些年来它在汽车变速上的成功应用更是让人们耳目一新，根据传动方式和使用的介质，无级变速器可分为机械式、电气式和液压式三大类，其中机械式无级变速器恒功率特性较好，应用较普遍。金属带式无级变速器（金属带式 CVT）就是一种新颖的、有挠性中间体的机械摩擦式变速器，其具有结构简单、承载能力强、变速范围大、体积小、效率高、噪声低、节能环保等特点[1]，可用于需要各种功率范围内的机械传动中，特别是近几年来它在轿车变速器中的成功使用所显示出的各种优越性能普遍为人们看好，因而受到了国内外业界的极大重视。

　　目前，投入使用的产品中，锥轮的工作面都是直母线锥面，V 形金属块的侧边也是直线，其优点是加工方便、金属块与锥轮的接触强度高。但金属带式 CVT 的特定变速方式决定了在直母线锥盘条件下，变速过程中金属带必然产生轴向偏移，即在速比 $i \neq 1$ 时，主、从动带轮 V 形槽的对称线不重合，使得金属带的对称线不在锥盘轴线的垂直平面内[2]。早期的研究均忽略了这一现象，随着研究和应用的逐步深入，人们发现：金属钢带的轴向偏移会导致带与带轮的相互滑移和附加磨损，消耗额外能量，这将直接影响金属带式 CVT 的传动性能和传动效率，在偏移量过大时将使金属传动带、带轮严重磨损，导致金属带式 CVT 不能正常工作，因此必须予以消除。

1.1 无级变速传动技术及应用

1.1.1 无级变速传动分类

无级变速器是指具有速比无级、连续变化功能的传动器。按照传动方式分类，主要有流体式和机械式无级变速器[3]，如图1.1所示。

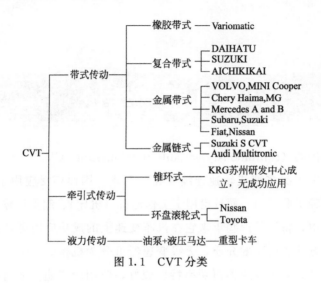

图 1.1 CVT 分类

（1）流体式无级变速器

流体式无级变速器主要应用形式为液力变矩器，它是一种以流体为介质的叶片式传动机械。由于流体传动效率较低，液力变矩器在乘用车上主要用于 AT、CVT 的起步装置。它不仅能够替代离合器的作用，也能够实现转速和扭矩的无级变化，降低传动系统的振动，对外界负载具有良好的适应性。为提高系统传动效率和燃油经济性，乘用车液力变矩器都带有锁止装置，在起步完成后将锁止离合器结合，液力传动变成摩擦传动。

（2）机械式无级变速器

机械式无级变速器可分为带式传动和牵引式传动无级变速器：牵引式传动无级变速器主要有曲面接触式牵引传动和牵引环式无级变速器；带式传动无级变速器主要有橡胶带式、金属链式和金属带式无级变速器等。

1）橡胶带式 CVT

橡胶带式 CVT 为最早的无级变速器形式，如图1.2所示。1958年，荷兰的 H. Van Doorne 博士设计了第一台橡胶带式 CVT，并应用在乘用车上。橡胶带式

CVT 主要由两套相同的锥轮装置构成，V 形橡胶带由锥轮夹紧，锥轮为两个同心的鼓，其中一个可以轴向移动，通过机械结构来调整速比的变化。但橡胶带传递转矩小，只适合应用于摩托车、沙滩车等小功率车辆上。

图 1.2 橡胶带式 CVT

2）锥盘滚轮式 CVT

锥盘滚轮式 CVT 用锥盘片和动力滚子来代替带与带轮，看起来与带式 CVT 不同但两者的结构基本原理几近相同，如图 1.3 所示。其中一个锥盘连接到发动机上的输出轴，相当于主动带轮与发动机输出轴相连；另一个锥盘连接到驱动轴上，相当于带传动中的从动带轮的输出。锥盘滚轮式 CVT 为改变动力滚子与输入、输出锥盘之间所接触的半径点的不同而获得不同工作半径最终导致速比的改变，从而实现无级调速。

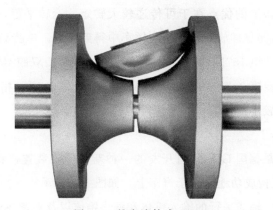

图 1.3 锥盘滚轮式 CVT

目前开发的汽车用锥盘滚轮式 CVT 是采用单腔或双腔的半环形锥盘滚轮式 CVT，其机构简图如图 1.4 所示[4]。驱动与输出两弧面锥盘之间夹紧有 2～3 个作为中间传动元件的滚轮。由于驱动与输出锥盘沿轴向截面的工作廓线为半圆环线，故称为半环形。使滚轮向左或向右偏转，改变它与两锥盘接触点位置及工作半径，即可实现调速。

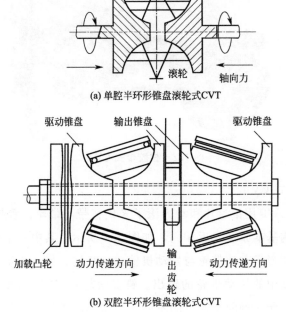

(a) 单腔半环形锥盘滚轮式CVT

(b) 双腔半环形锥盘滚轮式CVT

图 1.4　半环形锥盘滚轮式 CVT

锥盘滚轮式 CVT 的优点在于可传递较大转矩，运转平稳，效率高达 90％～95％，而且降低油耗与排放，目前已在轿车中得到应用。单腔 CVT 最大输入转速6000r/min，输入转矩 157N·m，发动机排量为 1.5L；双腔 CVT 最大输入转速7000r/min，输入转矩 333～392N·m，发动机排量为 3.0L。相对于带式 CVT 来说，锥盘式 CVT 较不易控制，因而应用得较少。

3）锥环式 CVT

锥环式 CVT 是德国 GIF 公司开发的一种新型传动装置，将最基本、最简单的摩擦变速传动机构成功地应用于汽车上。如图 1.5 所示。

锥环式 CVT 由轴线平行的输入锥体和输出锥体以及夹紧在两锥体之间的圆环组成，当输入锥体传动时，通过圆环带动输出锥体，圆环的夹紧力通过轴向移动输出锥体来调整并由传感器检测，调速机构通过移动圆环在两锥体之间的位置实现变速。

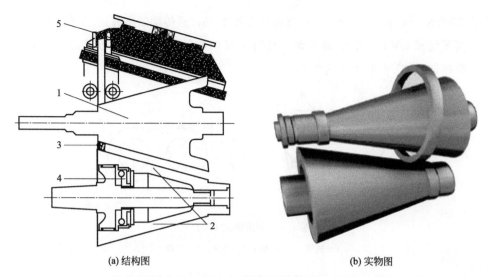

(a) 结构图　　　　　　　　　　　(b) 实物图

图 1.5　锥环式 CVT

1—输入锥体；2—输出锥体；3—圆环；4—传感器；5—调速机构

锥环式 CVT 结构部件少，工艺要求低，夹紧及控制结构简单，所需功率小。速比范围为 0~6.3、起动速比 14.0、质量 59kg。

4）链式 CVT

链式 CVT 由链轮和挠性链条组成，如图 1.6 所示。转矩的传递主要通过链条的张力来完成，它的输入转矩高，适合应用在大排量汽车上，一些排量在 3.0L 以上的发动机匹配了此类链式无级变速器。但链式 CVT 也有其固有的缺点，如噪声大、存在多边效应等。

图 1.6　链式 CVT

一般常用的链式 CVT 是滑片链式 CVT 与滚柱链式 CVT，输出功率较小（≤22kW）。德国 PIV 公司于 20 世纪 70 年代开发出这种新型摆销链式 CVT，输出功率可达 150kW，转速达 6500r/min，起动速比为 2～6，且传动效率高达 93% 以上。

摆销链式 CVT 属于摩擦传动，是通过摆销与锥盘接触压紧而传递运动和动力。摆销链式 CVT 基本结构如图 1.7 所示。

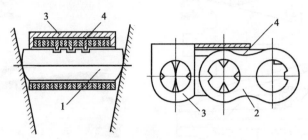

图 1.7　摆销链式 CVT

1—销轴；2—链板；3—压块；4—挡块

由几何形状相同的两滚柱销块组成联接链板，两滚柱销块的曲背面接触，前面有楔形槽以便嵌入链板相应的凸缘中。滚柱销块与主、从动锥盘接触的两端制成大曲率半径的弧形工作曲面，尽量降低接触应力。采用这种摆销结构，可显著减小链传动中的多边形效应，在铰链副中使载荷沿全链宽分布，增大了与锥盘的接触面，同时以滚动摩擦代替滑动摩擦。此外，由于摆销链的节距做了进一步缩小，故其链速可达 30m/s，且工作平稳，噪声低。

基于摆销链式 CVT 的优越性能，德国在 20 世纪 90 年代将其改进并应用于汽车上，其起动速比为 6、发动机转矩为 250～310N·m，已成功地应用于奥迪 A6 型轿车上。

5）金属带式 CVT

金属带式 CVT 由主动带轮、从动带轮和金属钢带等构成，如图 1.8 所示。

图 1.8　金属带式 CVT

　　主、从动带轮均由可动锥盘和固定锥盘组成，固定锥盘与带轮轴一体，可动锥盘套装在带轮轴上，可沿带轮轴轴向移动。金属带是一个组合件，由数百片金属片和嵌在金属片鞍座内的两组金属钢环组成，每组钢带环由 9～12 层钢环套合而成。如图 1.9 所示。

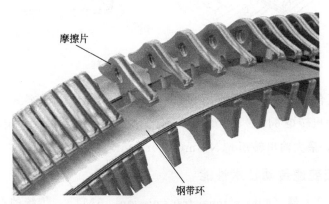

摩擦片

钢带环

图 1.9　金属带结构

　　主、从动带轮工作面都是楔形结构，当动力从发动机传到主动轮上时，主动带轮可动锥盘背部的液压油缸对可动锥盘产生轴向夹紧力，金属带的 V 形金属片的侧边与带轮工作面接触产生摩擦力，并向前推动金属片，这样使后面的金属片挤压前面的金属片，在二者之间产生挤推力。由于金属带的带长一定，在金属带张力的作用下金属带推动从动带轮的可动锥盘，产生轴向移动，从而改变金属带在主、从动轮上作用半径，实现无级变速传动。

　　6）复合带式 CVT

　　在 20 世纪 90 年代以后，日本 Aichi Machine 公司创新开发出了一种应用于微型汽车的复合带式 CVT。复合带式 CVT 与金属带式 CVT 的传动原理相同，其结构不同之处主要为：

　　① 复合带由 200 多片以铝合金为基体，周边镶有耐热、耐磨、高强度塑料层（层厚约 0.7mm）的土字形块及镶嵌在土字形块两侧槽中的两条芯部有增强钢丝的带齿形树脂带（带高 25mm）组成，如图 1.10 所示。

　　② 驱动和夹紧带轮采用电动和机械方式，大大减少了动力消耗，改善了燃油经济性。

　　③ 复合带与带轮之间的接触面没有润滑油，属于"干式"接触，工作中产生较大的热量，需要采用风扇进行空气散热。

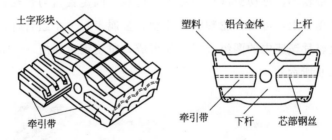

土字形块

牵引带

塑料　铝合金体　上杆

牵引带　下杆　芯部钢丝

图 1.10　复合带式 CVT 结构

目前，复合带式 CVT 已应用在日本大发 [最大输出功率为 43kW（7000r/min），最大输出转矩 64N·m（4000r/min）] 和铃木厢式 [最大输出功率为 41kW（6000r/min），最大输出转矩 61N·m（4000r/min）] 等微型车上。

1.1.2　无级变速传动技术性能

机械自动变速器（auto manual transmission，AMT）、传统的有级自动变速器（auto transmission，AT）及国内研发的热点双离合器变速器（double clutch transmission，DCT）都有约 4～6 个挡位，其换挡舒适感受控制系统的影响非常大。而无级变速器的速比在一定范围内连续变化，避免了换挡冲击的困扰。理论上来讲，没有换挡时的动力切断和齿轮结合过程，金属带式 CVT 避免了换挡冲击问题，并且速比的无级连续变化使得发动机可以始终工作在理想的工作区域，因此金属带式 CVT 可以有效降低整车油耗和排放，延长发动机使用寿命。

金属带式 CVT 的主要优点如下所述。

（1）燃油经济性好

金属带式 CVT 传动系统的挡位理论上可以无限多，没有具体挡位的设定。汽车在行驶的过程中，控制单元根据传感器检测不同路况的反馈情况来调整变速器的速比以适应路面状况的变化，使汽车实时处于最佳工况。与齿轮传动相比，虽然摩擦式传动的金属带式 CVT 传动效率较低，但是其综合性能较好。通过对2002 年后投放市场的自动变速器车辆进行对比（见图 1.11，详见书后彩图），可以看出：金属带式 CVT 的燃油经济性的综合表现较为突出，明显优于 AT 和AMT，和 DCT 的表现基本持平。根据一些对比试验可知金属带式 CVT 汽车尾气的排放量相比于 AT 汽车尾气排放量减少了约 10%，节油约 15%[5,6]。

（2）加速性能好

统计数据显示，各种不同类型变速器的百公里加速性能的对比如图 1.12 所

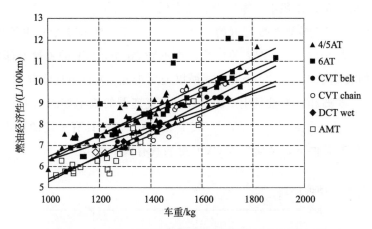

图 1.11　NEDC 循环前置前驱非增压汽油机车型比较

4/5AT—4 挡/5 挡自动变速器；CVT belt—带式 CVT；CVT chain—链式 CVT；DCT wet—湿式 DCT

示，按照不同的整车重量与发动机最大扭矩的比值进行分类。从图 1.12 中可以看出，金属带式 CVT 车辆的百公里加速时间略低于其他类型的变速器。这主要是由于金属带式 CVT 换挡的连续性，可以使得整车沿着最大加速度曲线行驶。同时，配备金属带式 CVT 的汽车具有较好的后备功率，汽车的后备功率往往决定着汽车的爬坡能力与汽车的加速能力，由于金属带式 CVT 换挡的连续性可使汽车获得后备功率最大的速比。根据试验可知金属带式 CVT 汽车的加速性能（0～100km/h）比 AT 汽车的加速性能提高了 7.5%～11.5%[7]。另外，配备金属带式 CVT 的汽车整车重量相应减少，汽车耗油将会降低，加速度将会更大。

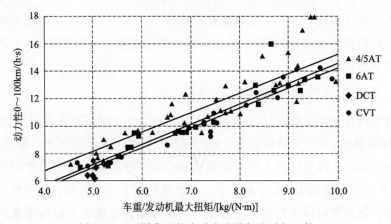

图 1.12　不同类型的自动变速器加速时间比较

（3）结构简单、体积小、零件少、成本低

金属带式 CVT 零部件数目（约 200 个）比 AT（约 500 个）少了近 300 个，同样扭矩容量的金属带式 CVT 关键零部件不到 50 个，AT 的关键零部件约为 55 个，DCT 的关键零部件有 70 个左右，所以金属带式 CVT 的整体重量较小，制造成本也较低。欧洲和日本批量生产的几种自动变速器的成本如图 1.13 所示，从图 1.13 中可以看出，金属带式 CVT 与 DCT 和 6AT 相比具有一定的成本优势，因此在规模化生产条件下，金属带式 CVT 更加具有成本优势。

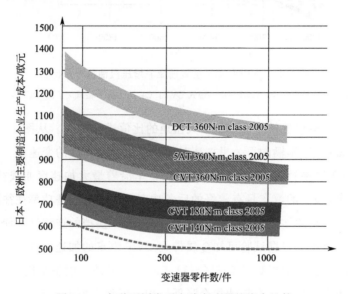

图 1.13　各种不同类型自动变速器的成本比较

另外，由于新技术、新工艺和新材料的应用，发动机的扭矩密度和功率密度呈现增大的趋势，金属带式 CVT 单位体积功率密度高，金属带式 CVT 适用于更多的紧凑车型。

1.1.3　无级变速传动发展趋势与应用

无级变速传动技术的发展已有了 100 多年的历史。德国奔驰公司在 1886 年就将 V 形橡胶带式 CVT 安装在该公司生产的汽油机汽车上。1958 年，荷兰 DAF 公司 H. Van Doorne 博士研制成功了名为 Variomatic 的双 V 形橡胶带式 CVT，并装备于 DAF 公司制造的 Daffodil 轿车上，其销量超过了 100 万辆。由于橡胶带传动扭矩较小，导致变速器体积较大，需要采用双带结构才能满足扭矩需求，因此橡胶带式 CVT 未能在汽车上得到广泛应用。

1965～1971 年之间，金属带传动技术取得突破性进展。1972 年 H. Van

Doorne 博士提出了以许多薄钢片串成的 V 形金属带代替 V 形橡胶带，正式开始了金属带式 CVT 的研究与开发，第一代金属带式 CVT 结构如图 1.14 所示。经过 10 多年的持续改进设计，于 1985 年进入批量生产，用于斯巴鲁、菲亚特和福特等车型[8,9]。

图 1.14　第一代的金属带式 CVT

　　将液力变矩器集成到 CVT 系统中，实现主、从动轮夹紧力电的子化控制，在金属带式 CVT 中采用节能泵，使得传递转矩容量更大、性能更优良的第二代金属带式 CVT 的面世。由于金属带大量生产过程中的复杂性，金属带式 CVT 的商品化直到 1987 年才开始实现。

　　进入 20 世纪 90 年代，汽车界对无级变速传动技术的研究开发日益重视，随着科技的迅猛发展，新的电子技术与自动控制技术不断被应用到无级变速传动中，无级变速传动逐渐向着高功率密度、高智能化和低成本的方向发展。例如，2010 年投放市场的 Jatco CVT2，采用超扁平化的变矩器以及副变速器，传动效率更高、速比范围更大、体积更小、扭矩传递能力更强，且电液控制系统中集成了起停控制系统及无级变速传动辅助启动系统等，智能化程度更高[10,11]。

　　尽管金属带式 CVT 与其他类型的变速器相比有着一定的优势，但是其特定的传动原理所带来的低效率和液压系统功率损耗一直被认为是明显的缺点。因此，未来金属带式 CVT 的发展还是会在提高自身传动效率、优化控制策略等方面。

　　① 提高传动效率。新的研究表明，金属带在扭矩传递过程中允许存在一定的打滑滑移，小的滑移率可以改善带与带轮间的摩擦特性，明显提高传动效率，而过大的滑移率才会损伤金属带及带轮[9]；然而，金属带摩擦副状态受到各种内外因素的影响，摩擦因数呈现一定的随机性，当摩擦因数突变时会引起"动力中断"

和"突然加速"等故障，所以开展滑摩传动机构可靠性分析与控制共性基础技术研究刻不容缓。

② 优化控制策略。随着计算机技术和电子测量技术的发展，将带来速比、速度、压力和转矩更快的、更精确的控制，保证发动机和变速器更好的调节，可以提供不同的行驶模式。例如，运动型、舒适型和巡航控制，更精确、更快的金属带式 CVT 控制，将与发动机控制一起集成到整个传动系管理系统中，使得油耗和排放进一步降低[10]。

巨大的市场需求及市场潜力促使全球各大汽车厂商投入大量资金对金属带式 CVT 产品进行技术创新和开发，以提高产品的竞争力。NISSAN、TOYOTA、FORD、GM、AUDI 等著名汽车品牌中都已销售配备金属带式 CVT 的轿车。装备有 CVT 的汽车，由最初的日本、欧洲已经渗透到北美汽车市场。国际知名的自动变速器生产商也纷纷在我国国内建厂，例如 JATCO 广州变速器公司及 PUNCH 在南京的 CVT 生产工厂。

国内金属带式 CVT 产业起步较晚，2002 年洛阳三明公司率先在无级变速器开发方面进行尝试，但最终未实现产业化。湖南江麓容大公司于 2003 年开始研制金属带式 CVT，2010 年实现量产，所开发的 RDC15、RDC18 等产品已匹配力帆、众泰、野马、东风小康等多款车型。2010 年奇瑞公司的金属带式 CVT 研发成功，并于 2012 年开始大规模匹配旗下车型，其金属带式 CVT19 产品已拥有约 50 万台的市场保有量。北汽公司于 2009 开始研发金属带式 CVT，首台样机于 2014 年下线。上汽通用五菱研发的金属带式 CVT 2018 年上市。

由图 1.15 所示的 CVT 产量分布可知，2016 年我国境内的金属带式 CVT 总产量约 252 万台，除了奇瑞和江麓容大之外，其余全是加特可及本田等外资企业在国内的工厂所生产，自主品牌 CVT 在国内的市场总份额<7%。这说明在金属带式 CVT 产业化领域，部分民族企业已打破国外技术垄断，基本解决金属带式 CVT 技术的有无问题，但市场份额依然很小，其主要原因是国产金属带式 CVT 总体技术水平同国际领先水平仍然存在差距。特别是在当前节能减排的背景下，金属带式 CVT 传动效率得到了前所未有的关注，也成了金属带式 CVT 产品市场竞争的关键性因素。因此，研发高效率的金属带式 CVT，既是汽车行业节能减排的现实需要，也是从汽车大国迈向汽车强国的重要技术保障。

金属带式 CVT 不仅在传统的燃油车上有广泛的应用，并且在混合动力汽车上的应用也表现出了卓越的性能[11]。多款金属带式 CVT 的混合动力车型得到了用

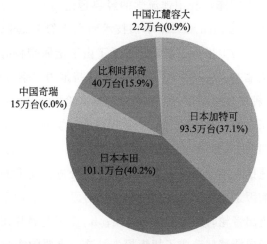

图 1.15　2016 年中国境内 CVT 产量分布

户的广泛认可，例如 Honda IMA Civic（并联中混）以及 Nissan Tino（并联中/强混）等。在混合动力车上，机械驱动油泵被电动油泵所取代，对系统流量的主动控制降低了液压系统功率损耗，例如稳态工况油泵仅需提供维持系统保压的流量。采用金属带式 CVT 传动系统的混合动力汽车的油耗可减少 20%～30%，排放可降低 40%～50%[12,13]。由于液压系统无效功率大大降低，金属带式 CVT 对散热要求较高的问题得到完美的解决。目前，混合动力汽车具有广泛的市场前景，随着技术的发展，金属带式 CVT 将会装配于更多的新能源汽车[14-16]。

1.2　无级变速传动的研究现状

基于橡胶带式无级变速器的理论基础，1972 年 H. Van Doorne 博士发明了金属传动带，解决了橡胶带使用寿命低、传递功率小的本质缺陷[17,18]。由于金属带生产工艺的复杂性，VDT-CVT 商品化直到 1987 年才实现，当时日本 Subaru 把装备金属带式 CVT 变速器的汽车投放市场并获得成功。美国 FORD 和意大利 Fiat 也先后将 VDT-CVT 装备于排量为 1.1～1.6L 的轿车上。20 世纪 90 年代 VDT 公司又研制成功了传递容量更大、性能更佳的第二代 VDT-CVT 传动器，并在克莱斯勒轿车上使用，所用发动机排量可达 3.3L[19,20]。与装有 4 挡自动变速器的轿车相比，其在燃料经济性、加速性、传递转矩等多方面均优于 4 挡自动变速器[21,22]。

瑞典的 Gerbert 教授和意大利的 Sorge 教授对金属带 CVT 的传动机理进行了研究[8]；英国 Bath 大学的 Micklem 和 Burrows 认为 CVT 在传递动力时，摩擦片与带轮之间是一种弹流润滑状态，利用弹流学的经典理论对 CVT 的传动过程进行了研究[9]；日本同志社大学的 Fujii 和日本本田技术研究所的 Kanehara 通过引进经典的 Euler 摩擦传动原理对 CVT 进行了研究，揭示了由于金属带特有的结构，使得摩擦片与钢带环之间有速度差，从而导致了摩擦片之间挤推力、钢带环之间张力的产生，说明 CVT 传动是一种推式传动，并且通过理论与试验相结合，得到了摩擦片间的挤推力和钢带环之间张力的分布情况[23,24]。英国巴斯大学的 Akehurst 等探明了带轮变形对 CVT 传动功率损失的影响，并设计了一个测量带轮变形的实验装置[25]，通过对金属带轮在相同速比、不同夹紧力下的最大半径处进行变形测量，探究了金属带轮变形的规律和影响因素，提出了 2 种扭矩损失的原因：a. 由于金属带与带轮之间的滑移，当金属带进出带轮时产生了扭矩损失；b. 由于金属片在金属带轮锥面上的包角区域处发生了径向滑移，造成了扭矩损失。这一重要的实验为后来学者研究带轮变形情况打下深厚基础[26-30]。Gerbert 等对带轮的变形进行了研究，提出了 3 种变形形式，分别为带轮接触面的局部形变、平面形变和轴公差引起的挠曲形变[31]，并阐述了产生各自变形的原因。Satter 等为了研究带轮变形对 CVT 传动的影响，考虑了金属带的刚度以及金属带的轴向偏移，采用有限元方法对其开展了研究[32]。Van Drogen 等对金属带与带轮之间的滑磨传动的摩擦磨损进行了实验研究[33,34]。Hendriks E、Wagner U、Teubert A、Endler T 等研究采用曲母线带轮方法来减小传动钢带的轴向跑偏量，并设计了几种曲母线带轮[35-37]。

我国学者对金属带式 CVT 开展了大量的研究工作，并取得了一些较好的研究成果。1997 年，重庆大学的机械传动国家重点实验室针对 CVT 的传动机理等方面开展了实验与开发研究。重庆大学的孙冬野等采用有限单元法，分析了 CVT 摩擦片和钢带环的结构应力分布，研究了摩擦片间推力与钢带环之间张力随速比的变化趋势[38]。上海交通大学卢小虎等建立了带轮组的有限元模型，对带轮和金属带进行了强度和应力分析[39]。湖南大学傅兵等针对 CVT 的从动带轮，应用有限元方法分析了轴向力和速比对带轮变形的影响，揭示了速比影响最大变形量的位置，而轴向力和速比共同影响变形量的大小[40,41]。西安理工大学张武等采用 ANSYS 软件对带轮变形进行了研究，得到了主、从动带轮变形和应力与速比的关系[42]。重庆理工大学李磊等计算了特定工况下摩擦片的应力状态，得到了摩擦片应力的分布规律[43,44]。2001 年吉林大学周云山、薛殿伦等研究了无级变速器电液控制系统[45,46]，建立了变速比夹紧力控制模型并应用于原理样机上。重庆大学孙冬野提出了无级变速器的模糊控制策略，并研究了基于人车道路的智能综合控制技术[47]。吉林大学王红岩进行了无级变速器传动系统分析，提出了综合控制技术，包括无人驾驶等先进智能控制技术的研究[48]。东北大学程乃士利用键合图理论，进行了液压系统的仿真研究，同时对钢带试制有一定的研究成果[49,50]。重庆大学杨亚联等用数值求解的方法得到了偏移量大小的表达式，比较了两种计算方法的精度，并提出了几种减小轴向偏移的方法[51]。东北大学程乃士、张伟华等针对传统控制金属带轴向偏移方法的弊端，提出了一种复合母线锥盘，研究了直母线带轮与曲母线带轮的优缺点，提出将直母线与曲母线结合的复合母线带轮[2,52]。上海交通大学的郭毅超比较了不同金属带偏移的算法，提出曲母线代替直母线的方式以减少金属带的偏移[53]。吉林大学的王红岩、杨志华等对金属带式无级变速器装置带轮工作面形状与带轴向偏移进行了一定的分析[54]。

1.3 金属带式 CVT 功率损失分析

1.3.1 功率损失分类

金属带式 CVT 由起步离合器（或者换向离合器＋液力变矩器）、油泵、金属带变速机构、齿轮等组成[55]。按照不同总成的功率消耗来划分，金属带式 CVT 功率损失主要集中在变速机构、液压油泵、液力变矩器以及换向离合器等几个方面[56-58]。图 1.16 主要说明了变速机构产生的功耗损失，及与油泵、T/C、齿轮等功能损失的比较。本书主要论述金属带式 CVT 变速机构的功率损失。

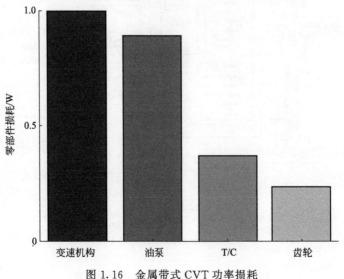

图 1.16　金属带式 CVT 功率损耗

图 1.17 为金属带式 CVT 动力传动原理图，包括液力变矩器、换向机构、变速机构、行星齿轮机构、油泵及前进倒挡离合器等[59]。

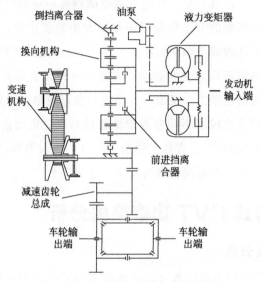

图 1.17　金属带式 CVT 传动原理

金属带式 CVT 传动损失示意如图 1.18 所示。

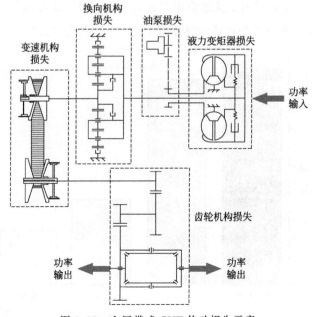

图 1.18　金属带式 CVT 传动损失示意

由图 1.18 可知，动力从液力变矩器泵轮输入，由换向机构、变速机构、减速齿轮及差速器等传动部件输出至车轮。金属带式 CVT 的工作过程实质是能量的传递与损耗过程，工作在解锁状态的液力变矩器存在液力传动损失，换向机构中处于分离状态的多片湿式离合器存在拖拽损失，变速机构及减速齿轮总成中分别存在金属带传动损失及齿轮传动损失，这些都是金属带式 CVT 内部传动件的直接损失。油泵由动力源驱动，直接消耗系统输入功率，属于金属带式 CVT 的衍生损失，在此统称为油泵（液压系统）损失。

根据金属带式 CVT 结构特点，将金属带式 CVT 传动功率损失分为液力变矩器损失、换向机构损失、变速机构损失、齿轮机构损失及油泵损失五部分。需要指出的是：液力变矩器在金属带式 CVT 中作为起步装置，只在车辆起步或者部分瞬态工况下工作在液力传动状态，而在稳态工况下液力变矩器处于锁止状态，整体成为一个刚性旋转件，故稳态工况下的金属带式 CVT 损失不包括液力变速器损失。

在 NEDC 循环工况下，从发动机输入 CVT 的总能量中，只有 66.6% 的能量输出到车轮，在 10-15 工况中，输出至车轮的能量占比为 59.6%。这说明将近 40% 的能量被 CVT 传动部件所消耗。经测试，各部件的损失为：前进倒挡离合器、中间齿轮及减速器损耗较少，约占 3.2%，主要是行星机构倒拖损失和减速器的摩擦损失；液力变矩器损失约占 4.7%；液压系统损耗约占 12%；变速机构损耗约占 13.5%，主要为金属块和最内层的金属环摩擦损耗、金属环之间的摩擦损耗、锥轮与金属块之间的摩擦损耗等，而变速机构的轴承与轴的摩擦损耗较少[60-63]。

1.3.2　变速机构功率损失分析

对金属带式 CVT 运行在稳态过程中进行分析，变速机构的功率损失主要存在于如下 4 个方面，如图 1.19 所示[64,65]。

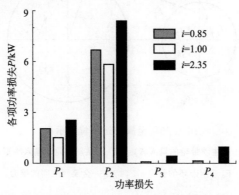

图 1.19　不同速比 i 时变速机构各项功率损失

① 金属钢带在进出主动带轮和从动带轮时,由于工作半径发生变化而产生的摩擦功率损失为 P_1。金属带进出带轮 V 形槽时产生的功率损失 P_1 基本是一个定值,在传递转矩较小时,由于输入功率小,它与输入功率的比值较大;随着传递转矩的增加,该功率损失与输入功率的比值较小,因此在传递转矩较小(转矩比 $r < 0.4$)时 P_1 为主要的功率损失。

② 变速过程中金属片和带轮锥盘发生相互滑动而产生的摩擦功率损失为 P_2。当载荷大和转矩比 r 在 $0.4 \sim 0.9$ 之间时,P_2 为主要损失。从图 1.19 也可以看出,金属带式 CVT 工作过程中 P_2 是主要损失。

③ 金属片和钢环组之间因为运行时的线速度不相等产生滑动而造成的摩擦功率损失为 P_3。金属片鞍面与摆棱间有一定间隙,金属片与带环间因为运行时线速度不相等存在滑动就会产生摩擦损失 P_3,但 P_3 也较小,不是主要的功率损失。

④ 钢带环和钢带环间的滑动所造成的摩擦功率损失为 P_4。由于钢带环与钢带环之间相对滑动和摩擦都很小,造成的功率损失 P_4 也很少,可以忽略不计。

转矩比 $r < 0.9$ 时,随着载荷逐渐增大,转矩损失快速减少而速度损失缓慢增加,总体上金属带式 CVT 的效率逐渐提高;当 $r > 0.9$ 以后,总的传动效率又急剧下降。

(1)钢带在进出带轮时产生的摩擦功率损失 P_1

当金属片进入和离开带轮时,必须克服径向摩擦力才能达到或离开工作半径,因此,在带轮的进口处钢带的作用半径稍大于工作半径,在带轮出口处作用半径稍小于工作半径,如图 1.20 所示。

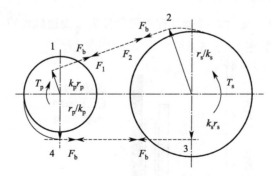

图 1.20　金属带运行位置示意

T_p—主动带轮的输入转矩;T_s—从动带轮的输入转矩;

F_b—钢带环的张力;F_1、F_2—金属片之间的推力

主动带轮进口处：$r_{pp} = \dfrac{r_p}{k_p}$

主动带轮出口处：$r_{pt} = r_p k_p$

从动带轮进口处：$r_{ss} = \dfrac{r_s}{k_s}$

从动带轮出口处：$r_{st} = r_s k_s$

式中　r_{pp}——主动带轮进口处作用半径，mm；

　　　r_{pt}——主动带轮出口处作用半径，mm；

　　　r_{ss}——从动带轮进口处作用半径，mm；

　　　r_{st}——从动带轮出口处作用半径，mm；

r_p，r_s——主动带轮、从动带轮工作半径，mm；

k_p，k_s——主动带轮、从动带轮的系数，由式 $k = r_s\sqrt{1-k_s^2}$ 赋值，r_p 和 k_p、r_s 和 k_s 分别一一对应，k 是一个试验常数，mm，一般取 $k = 0.0055$mm。

在钢带圆周上变化很小，可认为在钢带的任意位置上保持不变。F_1、F_2 只存在于金属带较紧的一边，并在直边保持不变。

主动锥轮、从动锥轮的扭矩损失 ΔT_p、ΔT_s 分别等于主动锥轮、从动锥轮的输入扭矩和输出扭矩之差。

$$\Delta T_p = T_p - F_1 k_p r_p = \frac{T_b r_p}{k_p}(1-k_p^2)$$

$$\Delta T_s = F_2 \cdot \frac{r_s}{k_s} - T_s = \frac{F_b r_s}{k_s}(1-k_s^2)$$

(1-1)

因此，金属带进出带轮时的功率损失为：

$$P_1 = \omega_p \Delta T_p + \omega_s \Delta T_s \tag{1-2}$$

式中　ω_p——主动锥轮的角速度；

　　　ω_s——从动锥轮的角速度。

（2）金属片和带轮锥盘径向滑动产生的摩擦功率损失 P_2

若不计金属带进出带轮时的损失，此时主动带轮的输入转矩与从动带轮的输出转矩有以下关系：

$$T_p = -T_s \cdot \frac{r_p}{r_s} \tag{1-3}$$

主动带轮的转速与从动带轮的转速有如下关系：

19

$$n_p = \frac{r_s}{r_p} \cdot n_s - \frac{A_c k_1}{\eta}\left(\frac{r_s T_s}{r_p \varepsilon_s F_s} + \frac{r_p T_s}{r_s \varepsilon_p F_p}\right) \tag{1-4}$$

所以功率损失 P_2 为：

$$P_2 = T_p n_p + T_s n_s \tag{1-5}$$

由式(1-3)~式(1-5) 得：

$$P_2 = \frac{T_s^2 A_c k_1}{\eta}\left(\frac{1}{\varepsilon_s F_s} + \frac{1}{i^2 \varepsilon_p F_p}\right) \tag{1-6}$$

式中　　T_p——主动带轮的输入转矩；

　　　　T_s——从动带轮的输入转矩；

　　　　r_p——主动带轮的工作半径；

　　　　r_s——主动带轮的工作半径；

　　　　n_p——主动带轮转速；

　　　　i——速比；

　　　　n_s——从动带轮转速；

　　　　F_p——主动轮油缸夹紧力；

　　　　F_s——从动带轮油缸的夹紧力；

　　　　k_1——和润滑油有关的常数；

　　　　η——联轴器的传递效率；

ε_p，ε_s，A_c——金属片几何形状有关的参数。

（3）金属片与钢环之间相对滑动产生的摩擦功率损失 P_3

由于钢环组在金属片鞍座面上的滑动可近似平带的传动，如图 1.21 所示，因此钢环组的松、紧边的张紧力符合欧拉公式，即

$$F_{b1} = F_{b2}\, e^{\mu \beta} \tag{1-7}$$

式中　F_{b1}——钢带环组紧边的张力；

　　　　F_{b2}——钢带环组松边的张力。

主、从动锥轮的金属片鞍座面速度 v_{sp}、v_{ss} 分别为：

$$v_{sp} = (r_p + h)\omega_p \tag{1-8}$$

$$v_{ss} = (r_s + h)\omega_s \tag{1-9}$$

由式(1-8) 和式(1-9) 可得主、从动锥轮的金属片鞍座面速度差 Δv_s 为：

$$\Delta v_s = v_{sp} - v_{ss} = \frac{1-i}{i}h\omega_p \tag{1-10}$$

其传递的有效圆周力可以用下式来计算：

$$F_e = 2F_0 \frac{e^{\mu\beta}-1}{e^{\mu\beta}+1} = 2F_0 \frac{1-\dfrac{1}{e^{\mu\beta}}}{1+\dfrac{1}{e^{\mu\beta}}} = 2F_0 \left(1-\frac{2}{e^{\mu\beta}}\right) \qquad (1-11)$$

因为滑动总是发生在工作节圆半径较小的锥轮上，该滑动的功率损失为：

$$P_3 = F_e \Delta v_s = 2F_0 \left(1-\frac{2}{e^{\mu\beta}}\right)\frac{1-i}{i}h\omega_p \qquad (1-12)$$

式中　μ——摩擦系数；

　　　β——锥轮包角；

　　　F_0——金属带预张紧力。

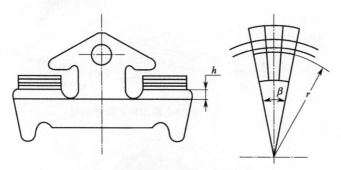

图 1.21　金属片鞍座面运行示意

h—金属片台肩高度；r—节圆半径；β—锥轮包角

1.4　金属带式 CVT 的综合控制

金属带式 CVT 变速控制系统主要包括速比控制和夹紧力控制。夹紧力控制保证把发动机的输出功率可靠地传递到驱动轮，并尽可能减小功率损失；而速比控制使发动机处在最佳区域工作，汽车以最佳经济性和动力性行驶。

1.4.1　发动机特性模型

建立适合金属带式 CVT 控制系统的发动机模型，获得发动机的万有特性是对 CVT 控制系统进行研究的前提。通常利用台架试验获得发动机稳态试验数据，在发动机稳态试验数据的基础上采用数表插值方式，构造关于发动机节气门开度和转速的发动机稳态输出转矩数值模型，来描述发动机的工作过程。

发动机的外特性曲线、速度特性曲线均是发动机节气门开度和发动机转速的函数。图 1.22 为某发动机的稳态输出转矩数值模型图，图 1.23 为某发动机输出功率数值模型图，图 1.24 为某发动机燃油消耗率数值模型图[66]（彩图见书后）。

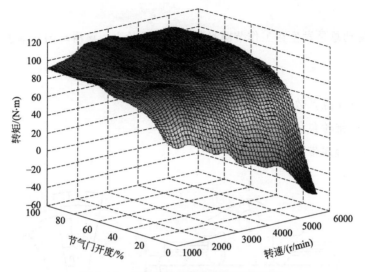

图 1.22　发动机稳态输出转矩数值模型

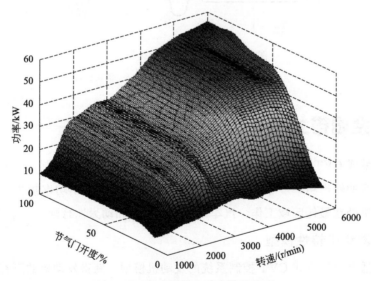

图 1.23　发动机输出功率数值模型

　　在汽车行驶过程中，发动机大部分时间处于非稳态工况下工作。非稳态工况下，发动机的输出特性与稳态工况下发动机的特性差别很大。当油门发生变化时，发动机的输出特性不能瞬间从一个稳定状态变到另一个稳定状态，中间必定要经历一个动态响应过程。发动机的动态特性可简化为滞后的一阶惯性环节[67,68]：

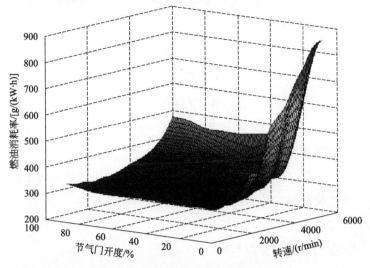

图 1.24 发动机燃油消耗率数值模型

$$T_e = e^{-\tau s} \frac{1}{k_\tau + 1} T_s(\alpha_e, n_e) \qquad\qquad (1\text{-}13)$$

式中　α_e——发动机节气门开度;

T_s——在稳态工况下发动机的输出转矩;

n_e——发动机的输出转速;

τ——滞后时间;

T_e——非稳态工况下,发动机输出转矩;

s——拉普拉斯变换因子;

k_τ——动态特性的拟合系数。

1.4.2　夹紧力与速比的关系

夹紧力的控制是通过压力控制阀实现的,速比的控制是由速比控制阀调节,调节主动带轮可动带轮油缸内的压力,通过金属带的约束与从动带轮可动带轮油缸内的压力达到新的平衡状态,从而改变主动带轮可动带轮的轴向位置来实现的。

由于金属带的长度不变,在从动带轮夹紧力 F_s 作用下,当从动带轮上的金属带沿锥面向外移动时,主动带轮上的金属带有沿锥面向内运动的趋势。因此,为使金属带稳定工作在某一位置上,必须在主动带轮上作用一个夹紧力 F_p,该力通过金属带在主动轮上产生轴向负荷与从动带轮的夹紧力 F_s 相平衡[69]。

金属带式 CVT 处于平衡状态时,主、从动带轮的夹紧力随速比和传递转矩的变化而变化。Toru Fujii 等在大量试验基础上提出了主、从动带轮的夹紧力比 k 与速比 i 和转矩比 r 之间的关系。

$$k = F_p / F_s \tag{1-14}$$

$$r = T_{in} / T_{in}^* \tag{1-15}$$

$$k = f(i, r) \tag{1-16}$$

$$T_{in}^* = \mu_m r_p F_s / \cos\alpha \tag{1-17}$$

式中　T_{in}——金属带式 CVT 的输入转矩；

　　　T_{in}^*——金属带式 CVT 在夹紧力 F_s 作用下能传递的最大转矩；

　　　μ_m——金属块与带轮间的最大摩擦因数；

　　　α——带轮的半锥角；

　　　r_p——主动带轮的节圆半径。

对金属带式 CVT 实时控制时，可先根据目标速比确定从动带轮油缸的压力，以保证可靠地传递输入转矩，即不使金属带在带轮上打滑。金属带式 CVT 传动控制系统如图 1.25 所示，金属带式 CVT 独特的构造和传动原理使得夹紧力和速比的控制会产生耦合效应[70,71]，夹紧力的变化必然引起速比的变化，因此二者之间的相互影响使两者的控制变得复杂。

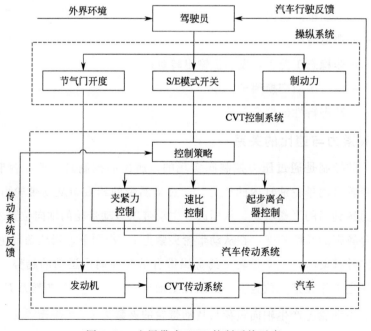

图 1.25　金属带式 CVT 控制系统示意

1.4.3 速比控制

金属带式 CVT 的速比控制就是根据发动机和汽车行驶工况的变化，确定一个合适的目标速比，通过采取有效的控制方式来跟踪目标速比。通过速比控制使汽车运行工况与发动机工况合理匹配，在一定的节气门开度下使发动机始终工作在最佳转速，充分发挥发动机的性能。

（1）速比控制方法

速比控制通常有两种方法：一是力-力控制；二是力-位置控制。

在力-力控制方案中，速比是通过控制主动带轮的夹紧力（主动带轮油缸压力）实现的。主、从动带轮油缸中的压力基于平衡状态下主、从动带轮的夹紧力来确定。对主动带轮油缸中的压力进行控制，来实现速比控制。将主动油缸内的压力进行反馈，可实现速比的精确控制[72]。

在力-位置控制方案中，位置控制是通过控制流入或流出主动带轮油缸的流量，使主动带轮在金属带的约束下沿轴向移动，此时从动带轮的压力由发动机传递的最大转矩确定。采用位置控制时，实时检测主动带轮的位移，与对应目标速比时主动带轮的位移相比较，根据偏差信号的大小，控制方向控制阀的动作，实现速比的控制。

图 1.26 所示为速比控制系统的结构。图 1.26 中，α 为节气门开度；n_{out} 为从动带轮的输出转速；n_e 为发动机输出转速；实际速比 $i = n_e/n_{out}$，当发动机输出转速 n_e 等于目标转速 n_d 时，i_d 为目标传动比，$i_d = n_d/n_{out}$。

金属带式 CVT 控制是通过控制从动带轮轴向夹紧力来保证要求的转矩容量，实现发动机动力的可靠传递。在转矩传递的过程中，金属带在带轮上基本不发生切向打滑，可以认为金属带 CVT 的速比与速比相等，因此采用金属带式 CVT 的输入转速与输出转速的比值即速比作为实际控制的反馈。

（2）目标速比

目标速比是发动机最佳转速即目标转速与从动带轮实际转速之比。假设离合器完全结合不存在滑转，金属带式 CVT 输入轴与发动机轴为刚性联接，则速比 i 与发动机转速 n_e 及车速 u_a 的关系为：

$$i = 0.377 \frac{r_r n_e}{i_0 \mu_a} \tag{1-18}$$

式中 r_r——车轮滚动半径；

i_0——除金属带式 CVT 以外的速比；

n_e——发动机转速；

μ_a——车速。

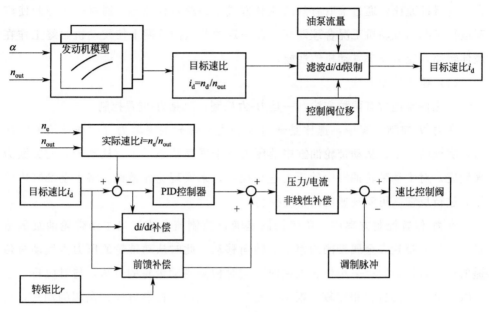

图 1.26　速比控制系统的结构

当发动机转速 n_e 等于目标转速 n_d 时，目标速比 i_d 为：

$$i_d = 0.377 \frac{r_r n_d}{i_0 \mu_a} \tag{1-19}$$

在行驶过程中，通过速度传感器测得发动机实际转速 n_e 和车速 μ_a，可以确定实际的速比 i，由测得的节气门开度通过数表插值可以得出发动机的目标转速 n_d，若 $n_e > n_d$，应减小速比，通过加大转矩负荷使发动机转速下降，趋于目标转速 n_d；若 $n_e < n_d$，应增大速比，通过减小发动机转矩负荷，使发动机转速 n_e 上升，趋于目标转速 n_d。

每一个节气门开度对应一个发动机的最佳经济点（最低耗油率点）和最大功率点。连续调节节气门开度，就得到发动机的最佳经济线 S 和最大功率线 E，如图 1.27 所示。

金属带式 CVT 工作在 E 模式（经济模式）时，节气门开度发生变化时，金属带式 CVT 速比连续改变，使发动机转速在 E 线上滑动；工作在 S 模式（动力模式）时，节气门开度发生变化时，金属带式 CVT 连续改变速比，使发动机转速在 S 线上滑动[72]。

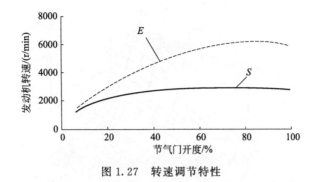

图 1.27　转速调节特性

金属带常用的速比范围为 $0.445\sim2.6$。图 1.28 和图 1.29 分别给出了发动机最佳经济性和最佳动力性的目标速比[66]。

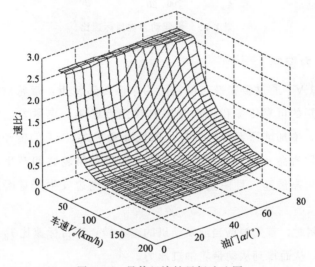

图 1.28　最佳经济性目标速比图

在实际控制中，常采用 PID 控制方法，令 $\Delta n = n_{\rm d} - n_{\rm e}$，则速比控制变化的调速率可表示为：

$$\frac{{\rm d}i}{{\rm d}t} = k_1 \Delta n + k_2 \frac{{\rm d}\Delta n}{{\rm d}t} + k_3 \int \Delta n \, {\rm d}t \tag{1-20}$$

式中　k_1，k_2，k_3——经验常数值。

金属带式 CVT 的速比控制是以当前的目标速比作为控制目标，以当前的实时速比作为反馈信号，通过 PID 算法产生控制信号控制液压执行机构动作，使金属带式 CVT 的速比能实时地跟随期望速比值的变动，从而使发动机在理想的转速下运转。

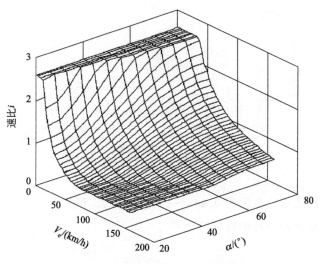

图 1.29　最佳动力性目标速比

1.4.4　夹紧力控制

金属带式 CVT 通过金属带与带轮间的摩擦传递转矩，带轮对金属带的夹紧力对发动机转矩的可靠传递和传动效率有决定性影响。夹紧力过大会导致金属带的张力过大，增加液压系统的能耗，降低金属带式 CVT 的传动效率，同时缩短零部件的使用寿命；夹紧力过小则会使金属带与带轮之间产生相对滑动，无法保证转矩的可靠传递，且使金属带传递转矩的侧边发生严重磨损，导致金属带的破坏。

在实时控制时，首先根据当前发动机的输入转矩和目标速比 i_d 确定从动带轮的轴向夹紧力，从而得到从动带轮油缸压力。

图 1.30 为开环位置控制时夹紧力控制系统的结构图。

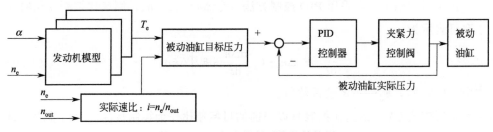

图 1.30　夹紧力控制系统的结构图

为保证转矩的可靠传递，夹紧力要控制在合适的范围内，实际传递转矩超过最大传递转矩。金属带式 CVT 能够传递的最大扭矩 T_{max} 与从动轮夹紧力 F_s 的关系为：

$$F_s = T_{max} \cos\alpha / (2\mu r_p) \tag{1-21}$$

式中　μ——金属带与带轮间摩擦系数，取值 $0.06 \sim 0.08$；

　　　r_p——主动带轮工作半径；

　　　α——带轮锥半角。

为使金属带式 CVT 在传递扭矩时有足够的夹紧力，引入了转矩储备系数 β，则发动机输出扭矩 T_e 和从动带轮夹紧力 F_s 的关系为：

$$F_s = T_e \beta \cos\alpha / (2\mu r_p) \tag{1-22}$$

式中　β——转矩储备系数，取值 $1.2 \sim 1.3$。

把 $i = r_p/r_s$ 带入式(1-22) 中，得到：

$$F_s = T_e \beta i \cos\alpha / (2\mu r_s) \tag{1-23}$$

式中　r_s——从动带轮工作半径。

又知 $P_s = F_s/A_s$，可得从动带轮油缸压力 p_s 和发动机扭矩 T_e 及速比 i 的关系为：

$$p_s = T_e \beta i \cos\alpha / (2\mu A_s r_s) \tag{1-24}$$

式中　A_s——从动带轮油缸有效作用面积。

由式(1-24) 计算出传递单位扭矩时从动带轮油缸所需的油压 p_s，乘以传递的扭矩，就可计算出从动带轮油缸所需的油压 p_s[71]。

在实际操控中，控制系统根据当前金属带式 CVT 传递的扭矩和当前的速比，计算出当前夹紧力的目标值，并将其转换成对应的控制信号，输出到执行机构的控制器中；控制器根据实际夹紧力和目标夹紧力二者的偏差值，控制执行机构动作，减小偏差。图 1.31 为目标夹紧力变化图，从图中可以看出：速比越大，传递转矩越大，目标夹紧力也就越大。

1.4.5　智能控制

(1) 模糊控制

模糊逻辑控制（fuzzy logic control）简称模糊控制（fuzzy control），由模糊集合、模糊变量和模糊推理组成，广泛应用于各类工业生产过程之中。模糊控制规则数量影响其计算量和控制精度，模糊控制规则越多，系统的控制精度也越高。但是计算量越大，不但仿真时间越长，实时性还比较差；模糊控制规则越少，计算量相对少，但不利于控制精度。

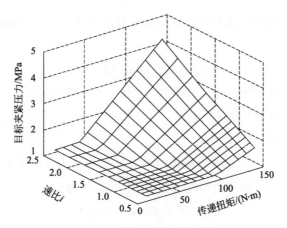

图 1.31　目标夹紧力变化曲线

　　模糊控制器的结构模型如图 1.32 所示，参数 K_1、K_2、K_3 是比例因子，表示输入/输出范围和相应语言变量论域之间的关系。综合考虑模糊控制的效果和实用性，采用两输入—输出的模糊控制器，输入分别为实际输出与目标量的偏差及偏差的变化率；输出流量通过传递函数转换为占空比，作为控制阀的输入信号。

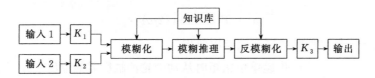

图 1.32　模糊控制器结构模型

1）输入、输出变量及其隶属度函数

　　模糊控制器输入和输出变量的子集分别为偏差 E、偏差的变化率 EC 和输出 U，分别取"负大"（NB）、"负中"（NM）、"负小"（NS）、"零"（ZE）、"正小"（PS）、"正中"（PM）、"正大"（PB）7 个子集。取 E、EC、U 的论域分别为 $[-3，3]$、$[-3，3]$、$[-50，50]$。确定上述论域中各模糊变量的隶属度函数为高斯分布。优化后的各模糊子集隶属曲线如图 1.33 所示[73]。

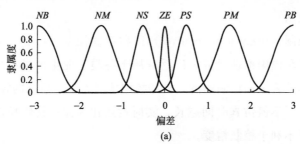

(a)

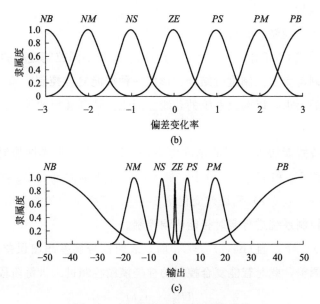

图 1.33　各模糊子集的隶属度曲线

2）模糊控制规则

参考速比控制的主要原则，通过试验可以归纳出优化后的模糊控制规则如表1.1 所列。

表 1.1　模糊规则表

E	EC						
	NB	NM	NS	ZE	PS	PM	PB
NB	NB	NB	NB	NB	NB	NB	NS
NM	NB	NB	NB	NB	NM	ZE	PS
NS	NB	NB	NM	NS	ZE	PS	PM
ZE	NB	NB	NS	ZE	PS	PS	PB
PS	NB	ZE	ZE	PS	PM	PM	PB
PM	NS	ZE	PB	PB	PB	PB	PB
PB	PS	PB	PB	PB	PB	PB	PB

对建立的模糊控制规则需要经过模糊推理才能决策出 PID 各参数变化量的模糊子集，而模糊子集是模糊量而不能直接用来整定 PID 的参数，还需要采取合理的方法将模糊量转换成精确量，这就是输出量的解模糊。采用 Mamdani 直接推理法（MAX-MIN 推理法）进行模糊推理，采用最大隶属度法解模糊，把控制量由

模糊量变为精确量。

(2) 智能复合控制

根据金属带式 CVT 液压控制系统的不同状态和不同控制过程的要求，将神经网络、模糊控制与专家控制进行结合，形成一种智能复合控制，满足系统对动态、静态性能指标的要求，以解决系统的非线性问题，达到理想的控制效果。

1) 控制算法

非线性系统智能协调控制的基本思想是：通过设置非线性控制系统的最小、最大误差的阈值 E_S 和 E_M，及最小、最大误差变化率的阈值 C_S 和 C_M，并比较反馈控制信号的误差 $e(t)$ 和误差变化量 $\Delta e(t)$，产生不同的指令信号 $u(t)$，从而实现对非线性控制系统进行实时智能协调控制。

① 当 $|e(t)| \geqslant E_M$ 且 $|\Delta e(t)| \geqslant C_M$ 时，表明信号误差超出误差阈值范围，系统应迅速做出调整，此时智能复合控制的神经模糊控制进入训练阶段，控制器为：

$$u(t) = \begin{cases} U_M & e(t) > E_M \\ U_S & e(t) < -E_M \end{cases} \tag{1-25}$$

式中　U_M——最大控制阈值；

　　　U_S——最小控制阈值。

② 当 $E_S \leqslant |e(t)| < E_M$ 且 $C_S \leqslant |\Delta e(t)| < C_M$ 时，非线性系统进行专家控制，神经模糊控制网络处于训练阶段，系统运行比较平稳，控制器为：

$$u(t) = u_1(t) \tag{1-26}$$

式中　$u_1(t)$——专家控制指令。

③ 当 $|e(t)| < E_S$ 且 $|\Delta e(t)| < C_S$，非线性系统进入神经模糊控制阶段，且在线训练，外界干扰得到有效抑制，系统运行比较平稳，控制器为：

$$u(t) = u_2(t) \tag{1-27}$$

式中　$u_2(t)$——神经模糊控制控制指令。

④ 当 $J < \varepsilon$ 且 $|e(t)| < E_S$ 时，$J = \sum_{k=1}^{N} [y - r]^2$，为学习性能指标，$\varepsilon$ 为性能指标阈值，N 为允许训练次数。此时，由于非线性系统的工作性能达到学习性能指标阶段，外界干扰小，误差、误差变化率小，控制鲁棒性较强，此时智能复合控制的神经模糊控制停止在线学习，专家控制停止专家搜索，神经模糊控制进入实时控制阶段，控制器为：

$$u(t) = u_2(t) \tag{1-28}$$

⑤ 当 $J<\varepsilon$ 且 $|e(t)|\geqslant E_S$ 时，此时，由于存在参数突变，神经模糊控制不能满足系统要求，系统再次进入专家控制，神经模糊控制进行再学习，控制器为：

$$u(t)=u_1(t) \tag{1-29}$$

⑥ 当 $J<\varepsilon$ 且 $|e(t)|<E_S$ 时，非线性系统不需要专家控制的再次干预，神经模糊控制进入边训练、边控制阶段，控制器为：

$$u(t)=u_2(t) \tag{1-30}$$

⑦ 当学习次数 $>N$ 且 $|e(t)|>E_S$，非线性系统运行达不到控制性能指标要求时，需要重新选取初始权值 $w(0)=w(t)$，神经模糊控制停止在线训练，进入专家控制阶段，控制器为：

$$u(t)=u_1(t) \tag{1-31}$$

2）智能控制器设计

为满足金属带式 CVT 液压控制系统的实时控制要求，智能复合控制控制器包括基本控制级、专家智能协调级和学习组织级三个控制级，如图 1.34 所示。

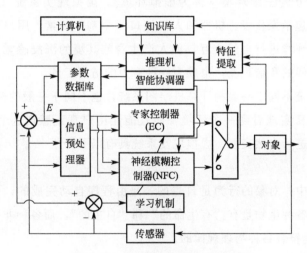

图 1.34　智能复合控制器结构框图

基本控制级可对闭环控制系统进行实时控制，它主要由专家控制器（EC）和神经模糊控制器（NFC）构成，形成知识共享和并行结构，在线实时监测被控对象，并根据系统性能在线协调控制策略，实时进行调整[74]。

特征提取是把系统在运行过程中的超调量、调节时间等特征信息提取出来进行记忆后，送入推理机构，判断系统性能指标是否满足工作要求，并根据系统性能好坏对专家控制器和神经模糊控制器的控制参数进行调节和校正，从而逐步改善和优化整个系统的控制品质。

1.5 金属带式 CVT 虚拟制造

根据金属带式 CVT 的结构特点，在集成的环境下，以工程数据库技术、计算机仿真技术、人工智能技术、虚拟现实技术等为手段，对金属带式 CVT 的虚拟制造（virtual manufacture，VM）关键技术进行研究，使产品在设计阶段就面向最优化，面向加工、面向装配、面向用户，使设计、开发和研制周期大大缩短，使成本尽可能降低。

1.5.1 金属带式 CVT 虚拟制造的关键技术

（1）虚拟现实（VR）技术

VR 技术是在为改善人与计算机的交互方式、提高计算机可操作性中产生的，是人的想象力和电子学等相结合而产生的一项综合技术。它综合利用计算机图形系统，各种显示和控制等接口设备及多媒体计算机仿真技术，在计算机上生成一种特殊的、可交互的三维环境（称为虚拟环境）。虚拟现实系统（virtual reality system，VRS）包括操作者、机器和人机接口 3 个基本要素，用户可以通过各种传感系统与虚拟环境进行自然交互，使人产生身临其境的沉浸感觉。它不仅提高了人与计算机之间的和谐程度，也成为一种有力的仿真工具。

虚拟现实系统不同于一般的计算机绘图系统，也不同于一般的模拟仿真系统，它不仅能让用户真实地看到一个环境，而且能让用户真正感到这个环境的存在，并能和这个环境进行自然交互。虚拟现实系统具有以下特征[75]。

1）自主性

在虚拟环境中，对象的行为是自主的，是由程序自动完成的，要让操作者感到虚拟环境中的各种生物是有"有生命的"和"自主的"，而各种非生物是"可操作的"，其行为是符合各种物理规律的。

2）交互性

在虚拟环境中，操作者能够对虚拟环境中的生物及非生物进行操作，并且操作的结果应该能够被操作者准确地、真实地感觉到。

3）沉浸感

在虚拟环境中，操作者应该能很好地感觉各种不同的刺激，存在感的强弱与虚拟表达的详细度、精确度、真实度有密不可分的关系。强的存在感能使人们深深地"沉浸"于虚拟环境之中。

这 3 个特征充分反映了人的主导作用，从过去只能从外部观看计算机的处理结果，到能沉浸到计算机创建的环境中去；从只能通过键盘、鼠标同计算机环境中单维数字化信息发生交互作用，到有可能从定性和定量综合的环境中得到感性和理性的认识，让用户沉浸其中，以获取知识和形成新的概念[76]。

利用 VR 系统可以对真实世界进行动态模拟，计算机能够跟踪用户的交互输入，并及时按输入修改虚拟环境，使人产生身临其境的沉浸感觉，充分发挥用户的想象力。

（2）建模技术

金属带式 CVT 三维实体模型如图 1.35 所示，部分重要零部件如图 1.35～图 1.37 所示。

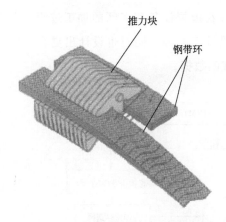

图 1.35　金属带式 CVT 三维实体模型

图 1.36　推力块三维实体模型

金属带式 CVT 虚拟制造系统（virtual manufacture system，VMS）的建模应主要包括生产模型、产品模型、工艺模型和制造体系结构模型。

① 生产模型。可分为静态描述和动态描述两个方面：静态描述是指系统生产能力和生产特性的描述；动态描述是指在已知系统状态和需求特性的基础上预测产品生产的全过程。

② 产品模型。是制造过程中各类实体对象模型的集合。目前产品模型描述的信息有产品结构明细表、产品形状特征等静态信息。而对 VMS

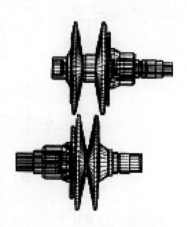

图 1.37　带轮三维实体模型

来说，要使产品实施过程中的全部活动集成，就必须具有完备的产品模型，所以虚拟制造下的产品模型不是单一的静态特征模型，它能通过映射、抽象等方法提取产品实施中各活动所需的模型。

③ 工艺模型。将工艺参数和影响产品制造功能的产品设计属性联系起来，以反映生产模型与产品模型之间的交互作用。工艺模型必须具备计算机工艺仿真、制造数据表、制造规划、统计模型以及物理和数学模型等功能。

④ 虚拟制造体系结构模型构建。虚拟制造体系结构模型如图 1.38 所示，虚拟制造提供了将相互独立的制造技术集成在一起的虚拟环境，这一环境小到虚拟的加工设备，大到虚拟的生产线和生产车间，甚至虚拟的工厂。在这个环境中，工艺工程师或制造工程师可以通过观察零件在虚拟设备和车间的加工过程，在设计的构思阶段就及时地将设计评价反馈给设计工程师，同时也设计出更合理的工艺过程，获得更科学的生产调度计划和管理的数据。

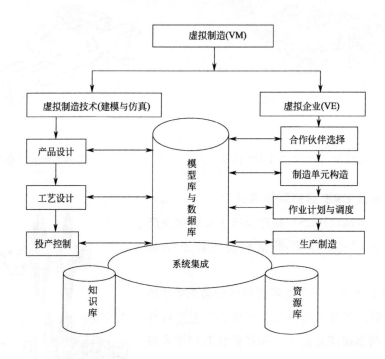

图 1.38　虚拟制造体系结构模型

（3）虚拟仿真技术

虚拟制造依靠仿真技术来模拟制造、生产和装配过程，使设计者可以在计算机中"制造"产品。仿真是虚拟制造的基础，虚拟制造是仿真的扩展。传统意义上的仿真一般不强调实时性，生成的可视化场景不会随用户的视点而变化，因此用户基本上是"旁观者"。而在虚拟制造中，模型往往是动态的，虚拟现实使用户看到的景象会随视点的变化即时改变，让眼睛接收到在真实情况中才能接收到的信息，增加了现场的动感。

仿真的基本步骤为：研究系统→收集数据→建立系统模型→确定仿真算法→建立仿真模型→运行仿真模型→输出结果并分析。

金属带式 CVT 虚拟开发涉及产品建模仿真、设计过程规划仿真、设计思维过程和设计交互行为仿真、加工过程仿真、装配过程仿真和检测过程仿真等。同时，对设计结果进行评价，实现设计过程的早期反馈，减少或避免实物加工出来后产生的修改、返工等。

（4）信息管理技术

信息技术与传统制造技术相结合就形成了现代制造技术。虚拟制造便是基于计算机和信息技术的一种新的先进制造技术，被认为是加速新产品开发的有效手段。在虚拟制造中，联系到现代设计、集成制造、柔性制造以及联合经营的因素，产品信息量、过程控制信息量、生产管理信息量均剧增，信息复杂性也增加。虚拟制造系统（VMS）是一个集成信息仓库，信息流的控制和管理靠虚拟制造的信息管理系统，所处理的对象是有关产品和制造系统的信息与数据，它来自现实制造系统，最终目的是反过来指导现实制造系统，并且可以创造、建立、组织新的现实制造系统。所以，在虚拟制造中，通过运用信息技术管理、协调维护整个产品生命周期内的信息达到虚拟制造的目的。

（5）可制造性评价

VM 中可制造性评价的定义为：在给定的设计信息和制造资源等环境信息和制造资源等环境信息的计算机描述下，确定设计特性（如形状、尺寸、公差、表面精度等）是否是可制造的；如果设计方案是可制造的，确定可制造性等级，即确定为达到设计要求所需加工的难易程度；如果设计方案是不可制造的，判断引起制造问题的设计原因，如果可能则给出修改方案。可制造性的评价方法可分为两类：一是基于规则的方法，即直接根据评判规则，通过对设计属性的评测来给可制造性定级；二是基于方案的方法，即对一个或多个制造方案，借助于成本和时间等标准来检验是否可行或寻求最佳。通过引用工艺模型和生产系统动态模型，成熟的虚拟制造系统应能精确地预测技术可行性、加工成本、工艺质量和生产周期等。

例如，金属带式 CVT 装配过程可装配性评价是在给定的设计信息和制造资源等环境信息的计算机描述下，确定设计特性（如形状、尺寸、公差、表面精度等）是否是可装配；如果设计方案是可装配，确定可装配等级，即确定为达到设计要求所需加工的难易程度；如果设计方案不可装配，判断引起制造问题的设计原因，给出修改方案。可装配性的评价方法采用基于设计装配方案的方法，即对一个或多个装配方案，借助于成本和时间等标准来检测是否可行或寻求最佳。通过引用工艺模型和生产系统动态模型精确地预测技术可行性、加工成本、工艺质量和生产周期等。

1.5.2　金属带式 CVT 特征的定义

在金属带式 CVT 特征定义中，有两点认识应作为基础：一是金属带式 CVT 特征是零件模型的基本组成单元；二是金属带式 CVT 特征带有功能语义，如销钉完成的是链接功能，键槽特征完成的是传递力矩的功能。把握住这两点内涵，则可给出金属带式 CVT 特征的定义为：特征是与领域有关模型的零件基本组成单元，它带有一定的功能语义。用一个二元组可将特征形式化地表示成：

$$Feat = (function, volume)$$

式中，function 表示特征的功能语义；volume 表示特征体素，也称为特征几何。

（1）金属带式 CVT 特征的分类

金属带式 CVT 特征的分类取决于特征的定义与应用领域。金属带式 CVT 特征的分类不仅和特征的定义紧密相连，而且不同的零部件有不同的特征内容[76,77]。金属带式 CVT 特征分类的这些特点，导致金属带式 CVT 零部件特征分类多种多样。由机械产品造型领域特征表示可知，金属带式 CVT 特征具有几何形状和功能语义的双重含义，并且在特征的二元组表示中强调特征的功能语义，按照特征功能语义，特征可分为与零件模型相关的形状特征、精度特征、材料特征、装配特征、技术特征、有限元特征和附加特征等。

金属带式 CVT 虚拟装配零部件特征组成见图 1.39。形状特征反映零件的全部几何信息和形体构造关系的高层信息；精度特征为公称几何尺寸所容许的加工偏差，包括尺寸公差、形位公差以及粗糙度信息；材料特征反映材料的成分、性能和状态的非几何形状信息，包括材料特性、规格、材料处理和表面处理等；技术特征反映零件在性能分析时所使用的信息，如功能参数、操作变量、技术条件等；有限元特征是和有限元分析相关的特征；附加特征反映的是与上述特征无关的零件其他信息，如标题栏、明细表等。

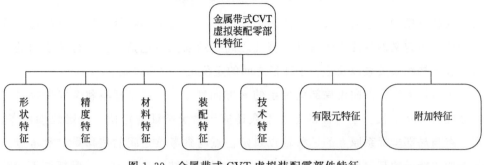

图 1.39　金属带式 CVT 虚拟装配零部件特征

从金属带式 CVT 虚拟制造环境集成需要考虑，与零件模型相关的形状特征、精度特征和材料特征基本上包含了零件产品设计和制造活动所需要的全部信息，在这三种特征中，形状特征又是精度特征和材料特征的载体，后两者既可作为独立信息模块单独造型，又可直接作为产品的内部属性附加于形状特征模型，构成完整的产品模型。在实现时，只需要在描述产品的数据结构中增加相应的域即可，因此形状特征是实现特征造型的关键。

（2）金属带式 CVT 参数化特征表示

在金属带式 CVT 建模中，特征的模型表示包括金属带式 CVT 零部件特征自身信息的表示、特征之间约束关系信息的表示以及特征造型历史的表示。在表示方法上，特征自身信息有隐式（implicit）和显式（explicit）两种表达形式。特征自身信息的隐式表达提供了对形状特征的隐性描述，包括形状特征的平面草图轮廓、几何生成语义以及形状特征的生成参数。

形状特征的几何生成语义包括两个方面：一是反映特征的类型，即该特征是正特征还是负特征；二是反映特征实例化手段，包括由平面草图轮廓生成形状特征和实例化一个预定义的形状特征。平面草图轮廓生成形状特征有拉伸、扫掠和旋转三种生成语义，实例化一个预定义的形状特征可以转化为这三种语义。形状特征的生成参数为由平面草图轮廓生成形状特征的参数，如拉伸高度等。隐式表示可用最少的参数定义形状特征，表示格式紧凑，表达明确并可通过计算转化为显式表示；隐式表示为基于特征的参数化设计奠定了基础。

特征自身信息的显式表达是指用 B-rep（边界表示）描述特征。边界表示详细记录了构成特征形体的所有几何元素的几何信息及其相互连接关系信息，以便连接存取构成形体的各个面、面的边界以及各个顶点的定义参数。显式表示有利于以面、边、点为基础的各种几何运算和操作。

（3）金属带式 CVT 零部件特征之间的约束关系

在特征模型中，后定义的特征的定位依赖于先定义的特征，先定义的特征为主特征，后定义的特征为子特征。特征之间的约束关系包括主、子特征之间的位置拓扑结构约束关系以及主、子特征之间的定位尺寸约束关系。

子特征的定位方向由局部坐标系的 z 方向确定，局部坐标系和全局坐标系之间存在着坐标变换。子特征的定位参数还应记录子特征的定位点、定位参考点、定位点与局部坐标系原点的偏移量以及定位点与参考点之间的偏移量。参考点一般选取主特征的某一点。特征在模型中的位置拓扑结构约束关系，概括如下：贴合关系，即主特征的一个面和子特征的一个面空间共面。贴合关系又可以进一步分为存在依赖、拓扑依赖以及尺寸依赖关系。

① 存在依赖关系：子特征的存在依赖于主特征的存在。

② 拓扑依赖关系：对于一对主子特征，主特征 i 的删除，只改变其子特征 j 的类型（拓扑性质），而形状尺寸保持不变。

③ 尺寸依赖关系：对于一对主子特征，主持征 i 的删除，其子特征 j 的拓扑性质（类型）保持不变，其形状尺寸做相应的变化。

1.5.3　金属带式 CVT 虚拟现实中建模

金属带式 CVT 计算机建模是金属带式 CVT 虚拟装配技术中最重要的技术领域。金属带式 CVT 计算机建模同其他图形建模系统相比有自己的特点，主要表现在以下 3 个方面。

① 金属带式 CVT 虚拟装配中零部件建模实现参数化。

② 金属带式 CVT 虚拟装配中零部件必须有其自己的行为，其他图形建模系统往往只是构造静态的物体，即使有运动也往往是比较简单的诸如平移或旋转等形式。

③ 金属带式 CVT 虚拟装配中的零部件必须能够对观察者做出反应。当观察者与物体进行交互时，物体必须以某种适当的方式做出反应，而不能忽视观察者的动作。

金属带式 CVT 这些建模特点给虚拟现实建模技术和软件提出了特别的需求，具体如下。

① 可重用性。虚拟现实中的物体是广泛的，开发一个物体的几何和行为模型

往往需要花费很大的精力如果标准模型库可重用，则可节省大量劳动。

②　在交互时，模型应能提供某种暗示，使得交互能按意图进行。

③　在构造物体的集合结构时，必须充分考虑到是否有利于表现物体的行为。

正是上述虚拟现实建模的要求，使得虚拟现实建模技术经历了一个从几何建模、物理建模到行为建模的发展过程。

（1）金属带式 CVT 虚拟装配中的几何建模

金属带式 CVT 虚拟装配几何建模处理零部件几何和形状的表示，研究图形数据结构等基本问题。几何建模建立零部件几何信息表示与处理。涉及表示几何信息的数据结构，以及相关的构造与操纵该数据结构的算法。金属带式 CVT 虚拟装配中部分零部件的几何模型见图 1.35～图 1.37。

但是，零部件几何建模仅仅建立了对象的外观，而不能反映对象的物理特征，更不能表现对象的行为，即几何建模只能实现虚拟装配中"看起来像"的特征，而无法实现虚拟装配的其他特征。因此，还需要对金属带式 CVT 虚拟装配中物理建模技术进行分析。

（2）金属带式 CVT 虚拟装配中物理建模

金属带式 CVT 虚拟装配仿真在建模时考虑各个零部件物理属性，其中涉及分形技术和粒子系统。

①　分形技术可以描述具有自相似特征的数据集。自相似结构可用于复杂的不规则外形零部件的建模。

②　粒子系统是一种典型的物理建模系统，粒子系统是用简单的体素完成复杂的运动的建模。

在金属带式 CVT 虚拟装配中采用两种方式对几何零部件模型赋予形状、精度、材料、装配、技术、有限元等物理属性。

（3）虚拟现实中的行为建模

金属带式 CVT 虚拟装配中几何建模与物理建模相结合，可以部分实现在虚拟环境中"看起来真实、动起来真实"的特征，而要构造一个能够逼真地模拟金属带式 CVT 虚拟环境下的装配过程，必须采用行为建模方法。

行为建模技术在设计金属带式 CVT 虚拟装配时，综合考虑其零部件所要求的功能行为、设计背景和几何图形。采用知识捕捉和迭代求解的智能化方法，使工程师可以面对不断变化的要求，追求高度创新的、能满足行为和完善性要求的设计。行为建模处理金属带式 CVT 虚拟装配过程中的运动和行为的描述。行为建模就是在创建模型的同时，不仅赋予模型外形、质感等表现特征，同时也赋予模型物理属性和"与生俱来"的行为与反应能力，并且服从一定的客观规律。行为建模技术的强大功能体现在智能模型、目标驱动式设计工具和一个开放式可扩展环境三个方面。

① 智能模型能捕捉设计和过程信息以及定义金属带式 CVT 装配过程中所需要的各种工程规范。其提供了一组远远超过传统核心几何特征范围的自适应过程特征，封装了金属带式 CVT 装配过程信息，并包括工程和功能规范，进一步详细确定了设计意图和性能，是金属带式 CVT 装配过程模型的一个完整部分。

② 目标驱动式设计能优化金属带式 CVT 装配过程设计，以满足使用自适应过程从智能模型中捕捉的多个目标并进行优化；同时还能解决相互冲突的目标问题。由于规范是智能模型特征中固有的，所以金属带式 CVT 装配过程模型一旦被修改，工程师就能快速和简单地重新生成和重新校验是否符合规范，即用规范来重新驱动装配过程设计。目标驱动式设计能自动满足工程规范，能设计更高性能、更多功能的产品。在保证解决方案能满足基本设计目标的前提下，能够自由发挥创造力和技能并改进设计。

③ 开放式可扩展环境是金属带式 CVT 装配过程行为建模技术的第三大支柱，它提供无缝工程设计工程，能保证虚拟装配过程中不会丢失设计意图，避免了烦琐。开放式可扩展环境对满足设计目标的过程很有帮助，并能返回结果。

1.5.4　金属带式 CVT 虚拟装配过程实例

金属带式 CVT 装配过程虚拟制造主要包括装配全过程建模、虚拟制造过程中动态仿真、金属带式 CVT 装配过程可制造性评价三个方面[78]。

虚拟装配流程如图 1.40 所示。

建模

虚拟装配过程

可装配
性评价

图 1.40　虚拟装配流程

采用 DENEB 公司开发的 ENVISION 专业装配过程仿真软件。利用该软件，仿真金属带式 CVT 的虚拟装配过程，验证产品的工艺性，获得完善的设计。ENVISION 提供与多种 CAD 系统的高级接口；交互式建立装配路径、动态分析装配干涉情况。ENVISION 具有三维可视化、可使用原始的 CAD 数据、建立装配和分解的路径、干涉检查和分析、交互式三维仿真、变换产品参数、用 Gantt 图和树状图定义装配顺序等特征。

在 ENVISION 软件下建立了一个三维设计和分析的环境，用户既可以设计和分析产品的装配和分解过程，又可以建立零件在装配或分解过程中的导入和退出的路径；并可与绝大多数主流 CAD、Pro/Engineer 软件集成，进而利用 CAD、Pro/Engineer 系统的原始数据构造虚拟样机；同时，用于分析零件间的距离和相互间的配合、检测公差的失调，考查维修的操作过程并在产品的开发阶段早期捕捉潜在的问题。

金属带式 CVT 零部件建模设计除了给人外观感受的影响外，在使用过程中还会对人直接产生生理和心理的作用。把人机作为统一体来考虑和设计，使零部件与人的装配过程相配合，同时模型的生成速度很快，短时间内可生成多种可供选择的造型方案，可以把设计人员不同风格设计装配过程思想都展现出来，并极易按最优化方法要求进行修改。在设计装配过程中也可进行创新修改，从不同角度观察金属带式 CVT 装配过程，取定最佳方案。

（1）规划金属带式 CVT 装配顺序和路径

利用 ENVISION 定义、仿真和优化产品装配的操作过程。这个过程可以人工地完成也可以由系统自动地完成。动态图（dynamic chart）和时间线有助于考察装配的可行性和约束条件和定义装配操作的顺序。

金属带式 CVT 虚拟装配提供了一个三维设计和分析的环境，在此环境下，用户既可以设计和分析产品的装配和分解过程，又可以建立零件在装配或分解过程中的导入和退出的路径[79]；与绝大多数主流 CAD 软件集成，进而利用 CAD 系统的原始数据构造虚拟样机。分析工具可用于分析零件间的距离和相互间的配合、检测公差的失调，考查维修的操作过程并在产品的开发阶段早期捕捉潜在的问题。

建立零件的导入和退出路径，这是由沿着这一路径移动零件并记录下零件的位置来实现的。每一位置都作为系统仿真时记录的整个链条的一环。

（2）静态和动态特性分析

基于装配顺序和路径规划基础上，对金属带式 CVT 装配过程的静态特性进行分析，计算金属带式 CVT 零件间的距离并专门研究路径上有问题的区域。在整个装配过程中，系统会分析出在装配过程中的路径干涉情况并标示出来。同时，建立线框或实体的截面以便更细致地观察装配的可行性和约束条件。装配过程动态特性分析时，利用显示零件装配过程中实际可能发生的事件，帮助分析金属带式 CVT 装配过程并检测可能产生的错误。"遇到干涉则停止"功能可在遇到干涉和失调时停止仿真，这就允许在整个过程中标注和修改出现的问题。

（3）金属带式 CVT 虚拟制造过程中动态仿真

金属带式 CVT 装配过程虚拟制造系统中的产品开发涉及产品建模仿真、设计过程规划仿真、设计思维过程和设计交互行为等仿真，对设计结果进行评价，实现设计过程的早期反馈，减少或避免实物加工出来后产生的修改、返工。金属带式 CVT 装配过程虚拟制造过程的仿真可归纳装配过程仿真和检测过程仿真等。

（4）金属带式 CVT 装配过程可装配性评价

金属带式 CVT 装配过程可装配性评价是在给定的设计信息和制造资源等环境信息的计算机描述下，确定设计特性（如形状、尺寸、公差、表面精度等）是否是可装配：如果设计方案是可装配，确定可装配等级，即确定为达到设计要求所需加工的难易程度；如果设计方案不可装配，判断引起制造问题的设计原因，给出修改方案。可装配性的评价方法采用基于设计装配方案的方法，即对一个或多个装配方案，借助于成本和时间等标准来检测是否可行或寻求最佳。通过引用工艺模型和生产系统动态模型精确地预测技术可行性、加工成本、工艺质量和生产周期等。

1.6　本书主要内容及撰写目的

1.6.1　主要内容

本书基于金属带式 CVT 的钢带的特殊结构和传动机理，从金属钢带受力和运动方面分析了钢带产生轴向跑偏的原因，探讨了金属钢带轴向跑偏的规律，研究了消除金属钢带轴向跑偏的几种方法和措施，设计了消除金属钢带轴向偏移的新型电液控制系统，实现了对金属钢带轴向跑偏的实时控制，消除了金属钢带的轴向跑偏。

本书各章节安排如下。

第 1 章 绪论：首先，阐述了无级变速传动分类、技术性能、发展趋势与应用；分析了金属带式 CVT 变速机构调速过程中的功率损失；探讨了金属带式

CVT 的夹紧力控制、速比控制及智能控制；研究了金属带式 CVT 虚拟制造的关键技术、虚拟现实建模与虚拟装配过程仿真，为本书研究工作的开展指明了方向。

第 2 章　金属带式 CVT 传动原理：介绍了金属带式 CVT 钢带、带轮及液压系统的结构与工作原理，分析了钢带的运动及速比调节过程，钢带运动非常复杂，既有传动过程中的纵向旋转运动、变速过程中的轴向平移，还有传动过程中的轴向偏移、钢带与带轮纵向打滑、金属环与金属块相对滑动等。

第 3 章　钢带轴向跑偏的动力学分析：首先，对金属带钢带环在直线段和锥轮包角处受力、金属片之间的挤推力、带轮的轴向夹紧力及钢带轴向跑偏的运动学进行了深入研究，揭示了金属带发生轴向偏移的原因；其次，依据金属带与带轮的几何关系，对带轮轴向位移、钢带的轴向偏移量进行了计算；最后，对钢带轴向跑偏规律进行了分析。

第 4 章　钢带轴向跑偏的影响：分析了金属带轴向偏移对金属带-带轮系统及传动效率的影响；研究了带轮变形产生的原因，带轮楔角、带轮中心距和带轮变形对金属带轴向跑偏的影响，及带轮变形对金属带式 CVT 造成的功率损失；提出了采用曲母线带轮，增大带轮等效轴向刚度等优化带轮的结构设计。

第 5 章　钢带轴向跑偏的控制方法：传动钢带轴向偏移是金属带 CVT 特定变速方式的必然产物，直接影响金属带式 CVT 的传动性能和传动效率，必须采取措施予以消除。分析了 4 种消除钢带轴向偏移的方法，分别是曲母线带轮法、速比调节法、活动锥轮法和设计新型电液伺服系统来消减钢带轴向偏移的方法和效果。曲母线带轮法采用典型曲母线带轮、Hendriks 曲母线带轮、圆弧母线带轮和复合母线带轮四种结构来消减钢带轴向偏移。

第 6 章　钢带轴向跑偏电液控制系统的研究：设计了消除传动钢带轴向跑偏的液压控制系统和电气控制系统；研究了电液控制系统的控制策略和模糊控制算法；建立了电液控制系统的数学模型和仿真模型；并对电液控制系统的性能进行了仿真和试验研究；研究结果表明所设计的电液控制系统能对钢带传动过程中主、从动带轮可动锥轮的位置进行实时检测，并能适时调整可动锥轮的位置。

第 7 章　总结与展望：对本书的主要研究工作进行了总结，获得几个比较重要的研究结果；同时也指明了将来研究方向和需克服的难题。

1.6.2　撰写目的

随着汽车工业技术的发展，装备自动变速器的轿车越来越多，因为采用机械传动，所以传动效率高、工作可靠、结构简单，一直处于汽车变速器的主导地位。

无级变速器（CVT）简称作为自动变速器的一种，由于其零部件较少、节能环保、优越的匹配性能、舒适安全性能好，是中小排量汽车、混合动力汽车的理想传动装置[80]。

金属带式无级变速传动的夹紧力和速比控制采用液压系统控制，液压系统一般包括电磁换向阀、液压泵、液力变矩器、阀块总成等。液压传动以其传动平稳、调速方便、功率质量比大、控制特性好等优点，在工程领域得到了广泛的应用，在某些领域中甚至占有压倒性的优势。例如，工程机械大约 95％ 都采用了液压传动。目前，液压传动已成为机械传动领域中重要传动形式之一[81]，液压传动系统的动态性能对整个机械系统的性能有直接影响。尤其是液压传动系统的能量利用率即传动效率并不高，例如挖掘机能量利用率一般不超过 30％，如此多的能量损失不仅会造成了很大的浪费，也对设备的可靠性和工作性能产生较大影响。无级变速传动集成了电子、控制、液压和机械等技术为一体，其产业化和广泛应用可带动我国整个制造业的快速发展[82-84]。CVT 与六挡自动变速器相比，燃油经济性提高 5％～10％，排放降低 10％ 以上，动力性及平顺性也得到了明显的提高，且结构简单、使用维护方便、制造成本较低[85]。

本书基于金属带式 CVT 的传动机理，从金属钢带受力和运动方面分析了钢带产生轴向跑偏的原因，探讨了金属钢带轴向跑偏的规律，研究了消除金属钢带轴向跑偏的几种方法和措施，设计了消除金属钢带轴向偏移的新型电液控制系统，实现了对金属钢带轴向跑偏的实时控制，消除了金属钢带的轴向跑偏。该成果必将促进金属带式 CVT 的产业化和广泛应用，具有重要的实际应用价值。

第2章　金属带式 CVT 传动机理

对金属带式 CVT 的结构、工作特性及工作机理与传动过程中的动力学进行分析，是设计金属带式无级变速传动电液控制系统和控制钢带轴向跑偏的前提。

2.1　金属带式 CVT 结构与传动原理

金属带传动不同于橡胶带的一个典型特征就是金属带主要依靠金属片之间的推力作用来传递扭矩。金属带传动是一个非常复杂的过程，在运动过程中，金属片和带轮之间、金属片与金属环之间都存在着复杂的力的相互作用。速比变化过程中，金属带不仅沿着带轮旋转的切线方向运动，同时还沿着带轮的径向运动。由于金属带偏移和金属片两侧面摩擦力的差别，金属片还会存在翻转和侧倾运动，这使得金属带与带轮之间以及金属带内部的受力状态更加复杂。因此，在对金属带受力分析时对某些因素进行了简化，分析结果或多或少与试验结果存在一定的偏差。

2.1.1　金属带式 CVT 结构

图 2.1 为金属带式 CVT 的基本结构组成，包括油泵、前进后退切换机构、输入轴、主动锥轮、盘锥、金属带、从动锥轮、锥盘、输出轴、主减速器、差速机构和驱动桥等[3]。

汽车行驶时，离合器接合传递动力，主动带轮通过金属带驱动从动带轮，然后再将动力经主减速器等分配予车轮，实现前进行驶。操纵前进后退切换机构，依照前述动力传递路线可实现倒退行驶。当离合器切断时，发动机空转，实现空档。在主、从动带轮的锥盘上作用有推力油缸，依据道路行驶阻力和驾驶员控制的油门踏板位置等来调节油缸的压力，以改变主、从动带轮锥盘的节圆半径，达到所要求的速比，实现无级变速。汽车起步时，主动带轮工作半径最小，从动带轮工作半径最大，此时 CVT 的速比最大，用以保证汽车有足够的传动扭矩克服阻力，让汽车起步时有较大的加速度。

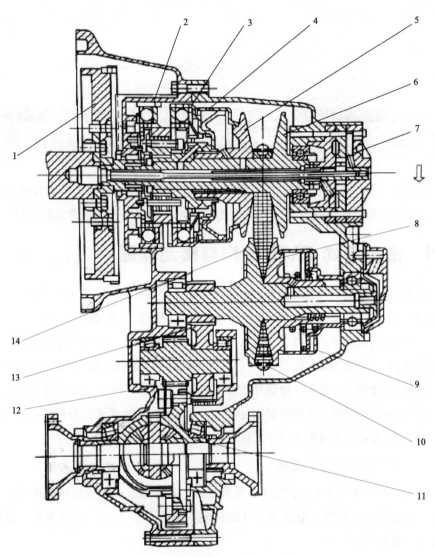

图 2.1　金属带式 CVT 结构示意

1—飞轮；2—倒挡离合器；3—前进离合器；4—主动带轮油缸；5—主动带轮可动锥盘；
6—主动带轮固定锥盘；7—液压泵；8—从动带轮移动锥盘；9—从动带轮油缸；
10—金属带；11—差速器；12—从动带轮固定锥轮；13—中间减速齿轮；14—从动带轮固定锥盘

2.1.2　金属带式 CVT 的传动原理

金属带式 CVT 的传动原理如图 2.2 所示。主、从动带轮均为组合结构，都是由可动锥轮和固定锥轮组成，与油缸靠近的一侧可动锥轮可以在轴上移动，另一锥轮与轴固定。主、从动带轮都是楔形面结构，当动力传到主动带轮上，在液压缸的作用下，主动带轮可动锥轮产生轴向夹紧力，金属带的 V 形金属块的侧边接触，产生摩擦力向前带动金属块，这样使后面的金属块挤压前面的金属块，在二者之间产生挤推力；由于金属带的带长一定，在金属带张力的作用下金属带推动从动带轮可动锥轮，产生轴向移动，从而改变了金属带在主、从动轮上作用半径，实现无级变速传动[3]。

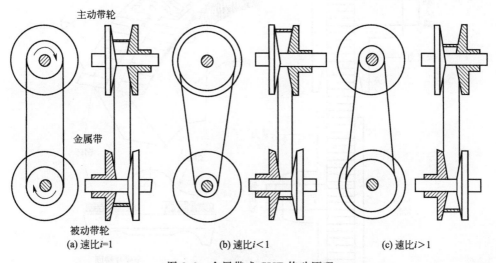

主动带轮

金属带

被动带轮
(a) 速比 $i=1$　　　　　　　(b) 速比 $i<1$　　　　　　　(c) 速比 $i>1$

图 2.2　金属带式 CVT 传动原理

在金属带式无级变速传动的典型工况下，由于力的作用，当主动带轮的可动锥轮沿轴向向内移动，而从动带轮的可动锥轮沿轴向向外移动时，速比（即从动带轮的工作半径与主动带轮的工作半径之比）将减小，相当于挡位增加；反之速比则增大，相当于挡位减小。在速比的变化过程中，由于工作半径变化是连续的，因此速比变化也是连续的。金属带传动的实质是通过控制主、被动带轮的可动锥轮的轴向移动来改变金属带的有效半径，从而得到连续的速比。

2.2　关键部件及运动分析

2.2.1　钢带-带轮系统

钢带-带轮系统是无级变速器的核心部分，它的工作情况直接影响整个金属带式 CVT 的性能。

（1）金属带

V 形金属带结构如图 2.3 所示，由几百片（350～400）V 形金属块和两组金属环组成，每个金属 V 形块厚度为 1.4～2.2mm（见图 2.4），在两侧带轮挤压力的作用下传递动力。

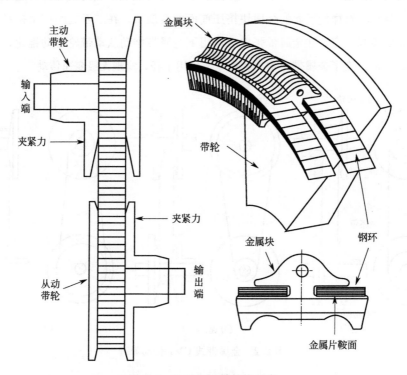

图 2.3　V 形金属带结构示意

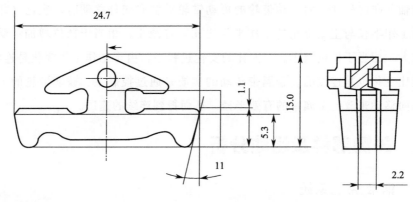

图 2.4　金属块尺寸（单位：mm）

两边的金属环由多层薄钢带，厚度为 0.18mm 的带环叠合 9～12 层而成，金属环的主要作用是支撑金属块，并且引导金属块的运动。由于带轮夹紧力和离心力的作用，金属块有沿带轮表面向外侧运动的趋势，因此金属环应具有足够大的张力，以保证在金属块与带轮的工作表面有足够的接触压力，在某些工况下还能传递部分动力，根据传递扭矩的不同，可相应增减钢环层数。

由图 2.5 所示的金属片相对位置示意可知，金属片的接触面以摆棱为界分为上、下两个平面，在金属带直线段，相邻金属片的上部平面紧密贴合，而在金属带圆弧段，相邻金属片以摆棱为支点产生相应偏转。

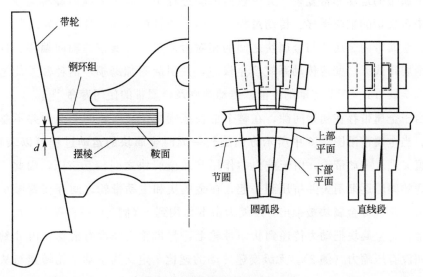

图 2.5　金属块相对位置示意

金属带是非常精密的组合件，金属块和每层钢带的加工制造都有严格的精度和性能要求。金属带中的金属钢环组的各层金属钢带应均载，否则会出现一层断，整体断的严重事故；另外形位公差、尺寸公差和配合公差的要求相当高，所以加工难度大、精度高，材料、制造工艺要求苛刻，制造成本非常高。

（2）主、从动带轮

主、从动带轮也是关键部件，都是由两个半锥盘构成，固定的一半与轴做成一体，移动锥盘通过键联结与传动轴同步旋转，并且能在传动轴上面做轴向移动，两者之间是通过金属带连接在一起的。工作面大多为直母线锥面体，在液压控制系统的作用下做轴向移动，实现无级变速传动。近年来，金属带式 CVT 的工作面也常设计成曲母线形式。

主、从动带轮应具有如下功能：

① 提供可变的带轮直径，从而允许金属带按各种速比进行动力传递；

② 对金属带保持足够的侧向压力，以防止金属带打滑，因为打滑将会损坏金属带及锥轮；

③ 保证金属带与带轮的接触面有足够的硬度，以便抗挤压和磨损；

④ 在弹簧力、液压、金属带的共同作用，能有效地改变工作半径，实现速比连续变化。

（3）金属带运动分析

金属带的运动非常复杂，其中包括传动过程中金属带的纵向旋转运动、变速过程中金属带的轴向平移、传动过程中金属带的轴向偏移、带与带轮之间的纵向打滑、金属带内金属环与金属块之间的相对滑动等。金属带的轴向偏移、打滑会导致金属带式无级变速传动系统产生误差，并引起附加磨损，消耗额外能量，直接影响金属带式 CVT 传动的性能、传动效率及金属带的使用寿命[86]。

由于金属带存在初始间隙，在整个带长范围内，金属块间的推力并不总是存在的。当金属带沿图 2.6 中所示方向旋转一周时金属块的运动过程可以表述为：由位置 a 进入主动带轮，由于推力的作用导致金属块之间相互挤压，因此，金属块之间的间隙逐渐消失并挤压到一起，在金属块和主动带轮之间存在着微小的滑移；由于位置 b 金属块被推出，压缩力由 b 作用到 c（侧 1）一直存在；由 c 进入从动带轮，金属块把动力传递到从动带轮上，与带轮之间没有滑移；由 d 到 a 金属块间没有压缩力（侧 2）。无级变速传动的速比 i 定义为主动带轮转速与从动带轮转速之比。速比还可由主、从动轮的工作半径确定的，速比范围是金属带式 CVT 的最重要的几何参数之一。

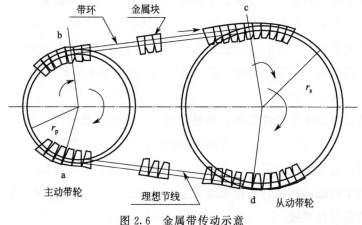

图 2.6　金属带传动示意

根据图 2.6 所示的几何关系可知：

$$i = \frac{n_p}{n_s} = \frac{r_s}{r_p} \qquad (2\text{-}1)$$

式中　n_p，n_s——金属带在主、从动带轮的转速；

　　　　r_p，r_s——金属带在主、从动带轮上的工作半径。

速比 i 与主动带轮、从动带轮的工作半径 r_p、r_s 之间的关系：

$$i_{max} = \frac{r_{smax}}{r_{pmax}};$$

$$i_{min} = \frac{r_{smin}}{r_{pmin}}$$

因此，速比范围（主动带轮最大角速度和从动带轮最小角速度的比值）可表示为：

$$i_c = \frac{i_{max}}{i_{min}} = \frac{\dfrac{r_{smax}}{r_{pmax}}}{\dfrac{r_{smin}}{r_{pmin}}} \qquad (2\text{-}2)$$

速比范围越大，表明金属带式 CVT 的变速范围越宽，发动机最经济油耗区的使用范围也越宽，变速器能在更大范围内实现发动机与外界载荷的最佳匹配，实现车辆的最佳经济性或动力性[87]。速比范围的大小取决于主、从动带轮工作的最大半径和最小半径。最大半径又受两锥轮中心距的限制，最小半径则受主、从动轴的轴径尺寸的限制。

① 当速比 $i=1$ 时，金属环与金属块的速度相同，金属环与金属块之间没有相对的滑动，金属带不存在轴向偏移。

② 当速比 $i \neq 1$ 时，如果忽略弹性变形的影响，则每个金属环在周长上运动速度相同。由于金属块节圆处的运行速度在整个带长上相同，因此金属带在传动时至少在一个带轮上存在着金属块和金属环之间，以及外层金属环和内层金属环之间的相对滑动（一般认为滑动发生在小半径带轮上），并且金属带存在轴向偏移。

③ 当速比 $i>1$ 时，主动带轮（直径小于从动带轮直径）上发生相对滑动，金属块的速度比金属环的速度快，金属环所受摩擦力的方向与金属带的运动方向相同，而在从动带轮上金属环所受摩擦力的方向与金属带的运动方向相反，所以金属环被拉伸。此时，在从动带轮上的金属环的张力从入口到出口逐步增加，这样金属环的张力便在带轮出口处和入口处产生了张力差，该张力差有助于扭矩的传递。速比 i 越大，金属带的轴向偏移越大。

④ 当速比 $i<1$ 时，从动带轮（直径小于主动带轮直径）上发生相对滑动。在从动带轮的包角上金属环的张力在入口侧比出口侧大。因此，在主动带轮上金属环的入口张力比出口张力小，与速比 $i>1$ 时相反。速比 i 越小，金属带的轴向偏移越大。

2.2.2 液压控制系统

主、从动带轮可动锥轮的轴向移动就是通过调整主、从动带轮油缸中的压力和流量来实现的，液压系统的主要功能是保证发动机扭矩高效、可靠地传递，同时实现速比按照一定的规律连续变化。所以，液压控制系统是金属带式 CVT 的关键部件。

（1）液压控制系统的结构及工作原理

液压控制系统的形式通常有机液比例（伺服）控制方式和电液比例（伺服）控制方式两种。早期的金属带式 CVT 液压控制系统多采用机液伺服控制方式，随着技术的进步，特别是比例控制技术的发展，目前的液压控制系统多采用电液比例（伺服）控制方式。

在电液控制系统中，各参数都是经传感器反馈给控制单元 ECU 的来实现目标压力和目标速比的控制；在机液控制系统中则是通过机械连杆机构进行反馈。机液控制系统的控制方案比较简单，不能很好地适应各种行驶路况，功率不足，平滑性差；电液控制系统在目标控制的响应速度上明显优于机液控制系统的反应速度。同时，采用电液比例控制系统，可明显地简化液压系统，实现复杂程序控制；还可以降低不必要的损失，提高传动系统的工作效率。因此，无级变速器液压控制系统采用电液比例控制将可以很好地满足汽车经济性、方便性和舒适性的要求。

电液控制系统有两种不同的方案[66]：单压力液压回路和双压力回路。

1）单压力液压回路

即速比控制和夹紧力控制采用同一压力源，荷兰的 VDT-CVT 公司就是采用这种方案，图 2.7 是单压力回路电液式控制系统的原理图。为了保证速比控制的可靠性，要求主动带轮油缸的有效作用面积必须大于被动带轮油缸的有效作用面积，主动带轮油缸与从动带轮油缸的横截面积比应为 1：2，这样才会通过控制主、从动带轮液压缸压力用于保证速比变化。由于主、从动带轮油缸尺寸和质量相差较大，在夹紧力控制和速比控制耦合作用下控制难度加大，影响控制精度。

油泵是由发动机直接驱动向系统提供液压油，夹紧力控制阀采用的是比例溢流阀，速比控制阀一般采用比例换向阀或电磁换向阀。作为电子控制单元的输入

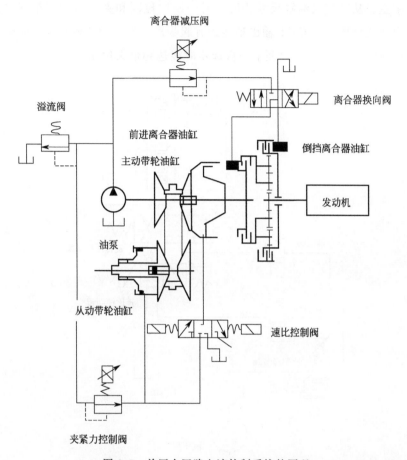

图 2.7　单压力回路电液控制系统的原理

信号，可以加入发动机转速传感器和扭矩传感器、主动带轮的位移传感器、从动带轮的压力传感器和位移传感器，也可以加入主动带轮转速传感器、从动带轮转速传感器、车速传感器来作为后备信号。

　　驾驶员的意图通过油门信号以及换挡信号，输入到电子控制系统中，并可以选择动力型（S）或者经济型（E）的最佳换挡规律。根据反馈信号确定施加到系统的主压力，并由发动机转速（相当于主动带轮的转速）构成转速反馈控制，根据转速的偏差信号决定速比的控制。

　　2）双压力回路

　　即速比控制和夹紧力控制采用不同的压力油源，并通过换挡阀实现高/低压力切换，以满足夹紧力和速比控制的要求，日本 HONDA 公司的金属带式 CVT 轿车就采用这种双压力回路。图 2.8 是双压力回路电液式控制系统的原理图。双压力回路中主、从动带轮油缸尺寸相同，对于速比控制和夹紧力控制精度更高。由于双压力回路金属带式 CVT 输出轴连接有起步离合器，即使汽车停车时金属带式 CVT 仍然可以调节速比，以便下一次起步时能达到最大速比。

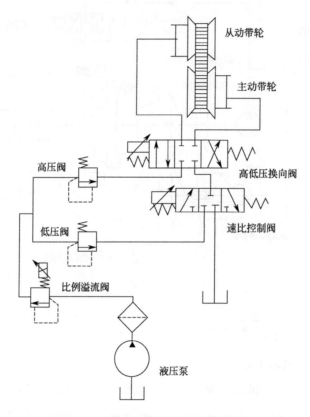

图 2.8　双压力回路电液控制系统的原理

单压力回路因为结构简单、制造成本低、控制方便、易于实现，目前获得了广泛的应用；而双压力回路结构复杂、成本高、控制难度大，应用较少。

（2）液压控制系统的主要技术参数

夹紧力控制阀最大工作压力和速比控制阀最大流量是液压控制系统最重要的两个技术参数。

1）从动带轮油缸的最大工作压力

从动带轮油缸最大工作压力即为夹紧力控制阀的最大工作压力，由式（1-24）可得：

$$p_s = \frac{T_e \beta i \cos\alpha}{2\mu A_s R_s}$$
(2-3)

式中 R_s——从动带轮工作半径；

β——锥轮包角；

i——速比。

从动带轮油缸最大工作压力 p_{smax}：

$$p_{smax} = \frac{T_{emax} \beta i \cos\alpha}{2\mu A_s R_{smin}}$$
(2-4)

式中 T_{emax}——主动带轮输入转矩；

α——带轮锥角的 $1/2$；

μ——金属带和带轮摩擦系数；

R_{smin}——从动带轮工作半径；

A_s——从动带轮油缸有效作用面积。

2）主动带轮油缸的最大流量

主动带轮油缸的最大流量即为速比控制阀的最大流量 Q_{pmax}：

$$Q_{pmax} = \dot{x}_{pmax} A_p$$
(2-5)

式中 $\dot{x}_{pmax}$——主动带轮可动锥轮轴向运动速度；

A_p——主动带轮液压缸的横截面积。

本章主要内容及结论如下。

① 金属带，主、从动带轮和液压控制系统是金属带式 CVT 的关键部件，金属带是非常精密的组合件，由几百片 V 形金属块和两组钢带环组成。主、从动带轮各由一个固定锥盘和一个可动锥盘构成，锥盘工作面大多为直母线锥面体。液压控制系统分为单压力液压回路和双压力液压回路，单压力回路因为结构简单、制造成本低、控制方便，应用广泛；双压力回路结构复杂、成本高、控制难度大，应用较少。

② 金属带主要依靠金属片之间的推力作用来传递扭矩，在推动力的作用下，主、从动带轮的可动锥轮可沿轴向移动，改变带轮的工作半径，实现速比变化，由于工作半径变化是连续的，因此速比变化也是连续的。金属带传动的实质是通过控制主、被动带轮的可动锥轮的轴向移动来改变金属带的有效半径，从而得到连续的速比。

第3章 钢带轴向跑偏的动力学分析

在金属带传动扭矩的过程中，速比不断变化。由于速比的变化，使金属带在带轮的工作面上既有沿带轮圆周切线方向的运动，又有沿带轮径向方向的运动，因此，除了金属带与带轮之间圆周切线的摩擦力外，还有沿带轮工作面径向运动所产生摩擦力的径向分量；在传递转矩过程中，金属块与锥轮之间、金属块之间、金属块与钢带环之间存在着相互作用，使金属带的受力非常复杂，且随着工况不同而改变，金属带在旋转过程中，容易发生轴向跑偏和滑动。所以，为探讨金属带轴向跑偏的机理，有必要对金属带的受力情况进行分析。为便于分析，简化受力过程，做如下假设[88]。

① 金属带在锥轮运转形成的圆形轨道上工作，锥轮运转形成的包角的圆心与锥轮中心重合。

② 每个金属块的厚度相对于锥轮包角上金属带的总长很小，可认为金属块间相互作用的挤推力是连续的。

③ 将金属带多层钢带环近似看成一条金属带，不考虑各层钢带环之间的摩擦，金属带所受的周向张力为沿锥轮包角上的分布满足欧拉公式。

④ 锥轮与金属块之间、金属块与钢带环之间、钢带环与钢带环之间摩擦系数为常量。

⑤ 锥轮、金属块都是刚体，忽略其变形的影响。

⑥ 忽略金属块、钢带环离心力作用的影响。

以带轮中心为原点，主、从动带轮的入口作为坐标起点，正方向规定为带轮旋转方向。

3.1　金属带受力分析

3.1.1　钢带环受力分析

（1）钢带环在直线段部分的受力分析

如图 3.1 所示，取从动轮锥轮包角处的一组金属块进行力学分析。这组金属块共受锥轮推力 F'，两边钢带环拉力 F_{b1}、F_{b2} 及金属块直线段部分的推力 F，上、下两直线部分中只有在张紧边的金属块存在推力。

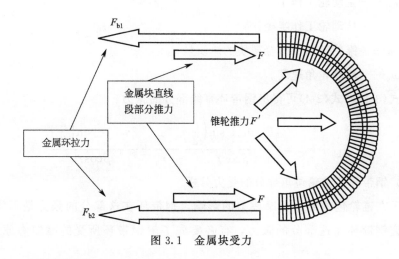

图 3.1　金属块受力

在 X 方向所受各部分力如下。

① 带轮推力 F'_x：

$$F'_x = 2\int_0^{\frac{\beta}{2}} \frac{2F'\sin\alpha\cos\theta}{\beta}\mathrm{d}\theta = \frac{4F'\sin\left(\frac{\beta}{2}\right)\cos\theta}{\beta} \tag{3-1}$$

② 钢带环拉力 F_b：

$$F_b = -(F_{b1} + F_{b2})\cos\gamma \tag{3-2}$$

③ 直线部分金属块推力：

$$F = \frac{T}{r_p}\cos\gamma \tag{3-3}$$

④ 金属块离心力：

$$F_z = -2\int_0^{\frac{\beta}{2}} \frac{m\omega_s^2 r_s\cos\theta}{\beta}\mathrm{d}\theta = -\frac{2m\omega_s^2 r_s\sin\left(\frac{\beta}{2}\right)}{\beta} \tag{3-4}$$

式中　　α——金属块工作面倾斜角，(°)，取 11°；

　　　　F'——金属片挤推力；

　　　　θ——锥轮半包角（$\theta < \beta$）；

F_{b1}，F_{b2}——钢带环上、下直线部分张力；

　　　　β——锥轮包角；

　　　　γ——金属片滑移角；

　　　　T——传递扭矩；

　　　　r_p——主动轮工作半径；

　　　　r_s——从动轮工作半径；

　　　　m——锥轮包角部分金属块的总质量；

　　　　ω_s——从动轮角速度。

由式(3-1)～式(3-4)可得出钢带环直线部分的张力：

$$F_{b1}+F_{b2}=\frac{4F'\sin 11°\sin\left(\dfrac{\beta}{2}\right)}{\beta\cos\gamma}+\frac{T}{r_s}+\frac{2m\omega_s^2 r_s\sin\left(\dfrac{\beta}{2}\right)}{\beta\cos\gamma} \tag{3-5}$$

（2）钢带环在锥轮包角部分的受力分析

由于在锥轮包角部分受摩擦力的影响，钢带环在这部分的张力是不均匀的，为了研究钢带环在这部分的张力，有必要先了解钢带环所受的摩擦力原因以及方向。

金属带式 CVT 的独特结构，使金属块的摆棱角与金属块鞍部间存在一段距离 Δr，如图 3.2 所示。在运行过程中，金属块的摇摆棱在两个锥轮包角上是连续接触的，金属块鞍部的速度是不连续的，在两锥轮之间的直线部分，金属块肩部的速度与锥轮相同。

1）摩擦力方向

以带轮入口处的分析为例。

由 $v_p=\omega_p(r_p+\Delta r)$ 和 $v_s=\omega_s(r_s+\Delta r)$，可得主、从动带轮上金属块肩部的速度之比为：

$$\frac{v_p}{v_s}=\frac{\omega_p(r_p+\Delta r)}{\omega_s(r_s+\Delta r)}=\frac{r_p+\Delta r}{r_p+\dfrac{\Delta r}{i}} \tag{3-6}$$

如图 3.3 所示，当速比 $i \geqslant 1$ 时，主动带轮（小半径带轮）鞍座的速度要比钢带环的速度快，此时钢带环阻碍金属块向前运行，金属块间的摩擦力方向与主动

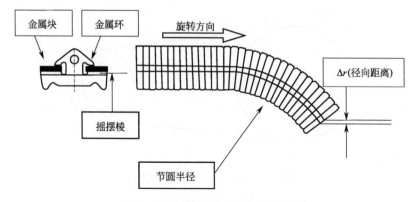

图 3.2　金属块与钢带环位置示意

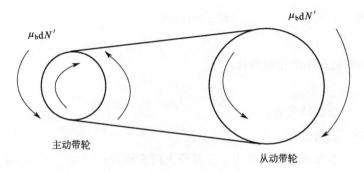

图 3.3　速比 $i \geqslant 1$ 时摩擦力方向

带轮旋转方向相反；同时由于金属块鞍部与钢带环间产生了滑移，钢带环间的摩擦力方向与主动带轮旋转方向相同。

当 $i < 1$ 时，如图 3.4 所示，在主动锥轮入口处，鞍座的速度要比钢带环的速度慢，金属块要阻碍钢带环向前运行，金属块的摩擦力方向与主动带轮旋转方向相反；在主动带轮出口处带的张力要小于作用在主动带轮包角处的张力，阻碍了金属块向前运行，钢带环的摩擦力方向与主动带轮旋转方向相反；在从动带轮（小半径带轮处）入口处，金属块鞍座的速度比钢带环速度快，在小半径带轮上产生了滑移，金属块间摩擦力、金属块与带轮之间的摩擦力方向均与带轮旋转方向一致。

2）锥轮包角处的受力分布

在了解了钢带环摩擦力的方向后，就可以分析其在锥轮包角处的张力分布了[89]。在锥轮包角任意处 θ 取钢带环上微小单元 $\mathrm{d}\theta$，变量 θ 方向与锥轮运转方向

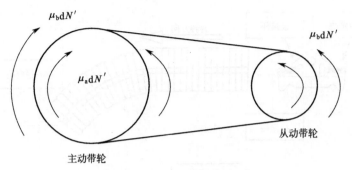

图 3.4　速比 $i<1$ 时摩擦力方向

相反，忽略高阶微量。

当 $i\geqslant1$ 时，钢带环上的受力状态如图 3.5 所示，其力平衡关系如下：

X 方向 $\qquad\qquad\qquad\mathrm{d}F_b-\mu_b\mathrm{d}N'=0$ $\qquad\qquad$ (3-7)

Y 方向 $\qquad\qquad\qquad F_b\mathrm{d}\theta-\mathrm{d}N'=0$ $\qquad\qquad$ (3-8)

在工作半径较小的轮包角处：

$$F(\theta)=F_0\mathrm{e}^{\mu_b\theta}$$ $\qquad$ (3-9)

式中　F_b——金属环张力；

$\qquad$ F_0——初始张力；

$\qquad$ N'——金属块鞍座面作用在金属环上的正压力；

$\qquad$ μ_b——金属块与金属环间的摩擦系数。

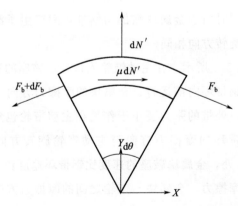

图 3.5　速比 $i\geqslant1$ 时钢带环上的受力分析模型

金属环和金属块之间的滑动只会发生在其中一个包角上。根据公式不难发现滑动一般发生在工作半径较小的带轮上。

3.1.2　金属块受力分析

在带轮包角上对任意位置的金属块取微小单元 $d\theta$，如图 3.6 所示。

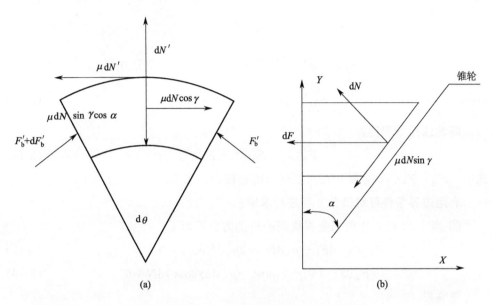

图 3.6　速比 $i \geqslant 1$ 时金属块上的受力分析模型

① 忽略高阶微分量，当 $i \geqslant 1$ 时，金属块的挤推力分析如下：

X 方向

$$-dF_b' + \mu_b dN' - 2\mu_a dN\cos\gamma = 0 \qquad (3\text{-}10)$$

Y 方向

$$F_b' d\theta - dN' + 2(\sin\alpha - \mu_a \sin\gamma\cos\alpha)dN = 0 \qquad (3\text{-}11)$$

式中　N——金属块与锥轮间的正压力；

　　　μ_a——金属块与锥轮间的摩擦系数。

整理得：

$$\frac{dF_b' + \mu_b F_b d\theta + (F_b d\theta - F_b' d\theta)}{\dfrac{\sin\alpha - \mu_a \sin\gamma\cos\alpha}{\mu_a \cos\gamma}} = 0 \qquad (3\text{-}12)$$

令：

$$\mu_a' = \frac{\mu_a \cos\gamma}{\sin\alpha - \mu_a \sin\gamma\cos\alpha}$$

式中　μ_a'——当量摩擦系数。

由于主要讨论定速比工况下的受力情况，在这种工况下由于金属环的力没有径向运动趋势，金属块所受的分力中就没有径向摩擦力，此时当量摩擦系数可简化为：

$$\mu_a' = \frac{\mu_a}{\sin\alpha}$$

对式(3-11)进行整理可得到下列描述挤推力分布的微分方程：

$$\frac{\mathrm{d}F_b'}{\mathrm{d}\theta} = \mu_a' F_b' + (\mu_a' - \mu_b) F_b \qquad (3-13)$$

解此线性方程得：

$$F_b'(\theta) = F_B' e^{\mu_a'\theta} - F_B e^{\mu_b\theta} \qquad (3-14)$$

式中　F_B'、F_B——金属块在直线部分的挤推力、张力。

利用边界条件可对微分方程进行求解。

② 当 $i < 1$ 时，作用在金属块间的挤推力分析如下：

$$\mathrm{d}F_b' - \mu_b \mathrm{d}N' - 2\mu_a \mathrm{d}N \cos\gamma = 0 \qquad (3-15)$$

$$F_b' \mathrm{d}\theta - \mathrm{d}N' + 2(\sin\alpha - \mu_b \sin\gamma \cos\alpha)\mathrm{d}N = 0 \qquad (3-16)$$

整理得：

$$\frac{\mathrm{d}F_b'}{\mathrm{d}\theta} = \mu_a' F_b' + (\mu_a' - \mu_b) F_b \qquad (3-17)$$

$$F_b'(\theta) = F_0' e^{-\mu_a'\theta} - F_0 e^{-\mu_b\theta} \qquad (3-18)$$

式中　F_0'，F_0——初始挤推力、张力。

利用边界条件可对微分方程进行求解。

以 EQ6480 金属带式 CVT 为研究对象，其主要技术参数：带轮中心距为 155mm，金属块厚度为 2.2mm，金属块数为 298，$\mu_a = 0.09$，$\mu_b = 0.16$，主动带轮工作直径为 62～116mm；从动带轮工作直径为 49～145mm；带轮槽角为 22°；主动带轮油缸作用面积为 0.019792m^2；从动带轮油缸作用面积为 0.009719m^2；速比范围为 0.43～2.36。液压控制系统工作压力 $p_s = 2.0$MPa。

金属块之间的挤推力、钢带环张力分布如图 3.7 所示[90-92]。

从图 3.7 中可以看出，当金属块进入主动带轮的工作节圆部分时，金属块之间的挤推力随着带轮包角的增大而增大，这是因为此时金属块同时受到后面金属块推力和带轮摩擦力的共同作用。当金属块进入直线部分时，带轮摩擦力消失，金属块之间挤推力基本不变；当金属块进入从动带轮的工作节圆后，由于带轮摩擦力和金属块运动方向相反，金属块之间的挤推力也逐渐减小。

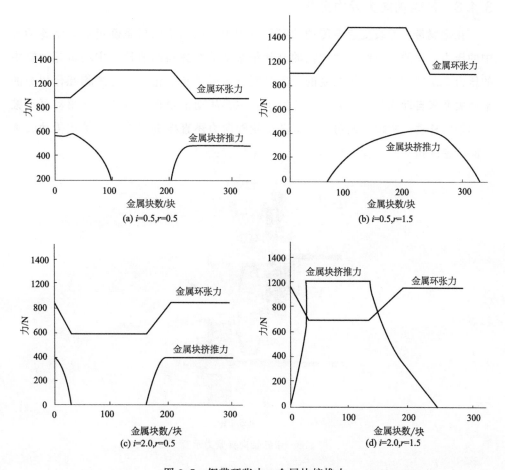

图 3.7　钢带环张力、金属块挤推力

　　综上分析，金属块之间的挤推力的分布形式受转矩和速比的共同影响，金属环的张力只与带传动的速比有关。金属带的转矩传递是由金属块之间的挤推力和金属环的张力共同作用的结果。已有的试验表明，在带传动的转矩比较高时，金属带的转矩大部分由金属块之间的挤推力传递，在稳态工况下，无论速比如何，金属块之间的挤推力的分布形式都是一致的，其分布形式为：在从动锥轮的整个包角上的金属块之间都存在连续变化的挤推力，而在主动轮上只有锥轮出口处较小的包角范围内的金属块才具有挤推力，随着输入转矩比的提高，金属块之间的挤推力在从动轮包角上只增大其幅度，而在主动轮上既增大其负荷力的幅度又增大其包角范围。在换高挡的瞬态工况下，金属块之间的挤推力的分布形式与稳态工况是一致的。

3.1.3 带轮轴向夹紧力分析

在金属带式无级变速器传动的实际应用中，控制单元只是确定从动带轮油缸中的压力，而通过控制主动油缸的充油量来调节变速器的速比，主动带轮油缸中的压力不是控制单元直接控制的，而是根据金属带和带轮轮辐上的相互作用力的平衡关系来自动调节的，如图 3.8 所示。主、从动带轮轴向力还用来驱动可动锥轮的轴向移动，实现变速功能，从动带轮轴向力还直接决定着金属带式传动装置所能传递的扭矩。

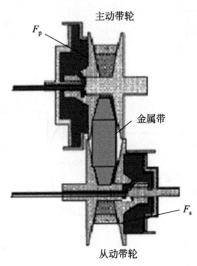

图 3.8　带轮轴向夹紧力示意

（1）从动带轮轴向力

由式(3-7)、式(3-11) 得：

$$F'_b \mathrm{d}\theta - F_b \mathrm{d}\theta + 2\mathrm{d}N(\sin\alpha + \mu_a \sin\gamma\cos\alpha) = 0 \tag{3-19}$$

可得金属带在包角范围内对带轮的正向作用力：

$$\mathrm{d}N = \frac{F_b - F'_b}{(\sin\alpha + \mu_a \sin\gamma\cos\alpha)}\mathrm{d}\theta \tag{3-20}$$

由图 3.6 所示，从金属块的轴向平衡关系可以得到金属带对带轮的轴向力[93]。沿整个带轮包角积分，带轮的轴向力：

$$F = \int_0^\beta \mathrm{d}N\cos\alpha\,\mathrm{d}\theta = \frac{\cos\alpha}{2(\sin\alpha + \mu_a \sin\gamma\cos\alpha)}\int_0^\beta (F_b - F'_b)\,\mathrm{d}\theta \tag{3-21}$$

当金属块所受的轴向力平衡时，可得：

$$F = \frac{\cos\alpha}{2\sin\alpha} \int_0^\beta (F_b - F_b') \, \mathrm{d}\theta \tag{3-22}$$

由式(3-22)可以看出，带轮的轴向力与金属带在带轮包角上金属环的张力和金属块的压力分布有关。

金属带作用在从动带轮的轴向力 F_s：

$$F_s = \frac{\cos\alpha}{2\sin\alpha} \int_0^{\beta_s} (F_b - F_b') \, \mathrm{d}\theta \tag{3-23}$$

在一定速比条件下，从动带轮的轴向作用力，与张力 F_b、包角 β_s 有关，而 β_s 随输入扭矩的大小而变化。因此，确定带轮的轴向力必须从其传递的扭矩入手。

对于带传动来说，传递的扭矩 T 与带轮入口、出口的有效拉力 F_{in}、F_{out} 有关。即：

$$T = (F_{in} - F_{out}) R \tag{3-24}$$

而对于金属带传动来说，带的有效拉力是金属环张力与金属块推力在带轮的入口处和出口处共同作用的结果，金属带在从动带轮传递的有效扭矩 T_s：

$$T_s = (F_{in} - F_{out}) r_s = F_r r_s \left[1 - e^{-\mu_a \beta_s} - e^{-\mu_a(\delta_s - \beta_s)} - e^{\mu_a'(\delta_s - \beta_s)} \right] \tag{3-25}$$

式中　F_r——主动带轮入口处金属环的张力；

　　　δ_s——金属带在从动带轮上的动弧。

（2）主、从动带轮轴向夹紧力

要满足系统的平衡，首先必须确定带轮轴向力的极限值，以便于实现对金属带式 CVT 系统的控制。当传递的扭矩增大时，金属带在带轮上的滑动弧随之增大；当处于滑动极限时，金属带在从动带轮上打滑，此时金属带传递的扭矩达到极限值 M_{max}。结合式(3-25)可知：

$$T_s = F_r r_s \left[1 - e^{-\mu_a' \beta_s} \right] \tag{3-26}$$

由式(3-23)、式(3-26)得到从动带轮的轴向力：

$$F_s = \frac{F_r \cos\alpha}{2\sin\alpha} \frac{1}{\mu_a'} (1 - e^{-\mu_a' \beta_s}) \tag{3-27}$$

金属环的张力：

$$F_{\mathrm{r}} = \frac{2\sin\alpha}{\cos\alpha}\left(\frac{\mu_{\mathrm{a}}'}{1-e^{-\mu_{\mathrm{a}}'\beta_{\mathrm{s}}}}\right)F_{\mathrm{s}} \tag{3-28}$$

联立式（3-26）和式（3-28），可以得到金属带传递的极限扭矩和金属带对带轮轴向力的关系：

$$T_{\max} = \frac{2\sin\alpha}{\cos\alpha}\mu_{\mathrm{a}}'F_{\mathrm{s}}r_{\mathrm{s}} \tag{3-29}$$

因为 $\mu_{\mathrm{a}}' = \dfrac{\mu_{\mathrm{a}}}{\sin\alpha}$，所以：

$$T_{\max} = \mu_{\mathrm{a}}r_{\mathrm{s}}\frac{2F_{\mathrm{s}}}{\cos\alpha} \tag{3-30}$$

忽略扭矩传递过程中的功率损失，有如下关系式：

$$T_{\max} = iT_{\mathrm{e}} \tag{3-31}$$

式中　T_{e}——输入扭矩。

可得从动带轮轴向作用力与传递扭矩之间的关系：

$$F_{\mathrm{s}} = \frac{T_{\mathrm{e}}\cos\alpha}{2\mu r_{\mathrm{s}}} \tag{3-32}$$

当从动带轮的轴向夹紧力确定后，即可计算从动带轮的夹紧力在主动带轮油缸上产生的轴向负荷：

$$F_{\mathrm{p}} = \frac{\cot(\alpha+\rho_1)\theta_{\mathrm{p}}}{4}\left(F_{\mathrm{s}}+\frac{T_{\mathrm{e}}}{r_{\mathrm{s}}}\right) \tag{3-33}$$

$$\frac{F_{\mathrm{s}}}{F_{\mathrm{b}}} = \frac{\cot(\alpha+\rho_2)(\theta_{\mathrm{s}}-\varphi)}{4}(1-\lambda)+\lambda\,\frac{\cos\alpha}{2\mu_{\mathrm{a}}} \tag{3-34}$$

$$\varphi = \frac{\sin\alpha}{\mu}\ln\left(\frac{1+\lambda}{1-\lambda}\right)$$

$$\lambda = \frac{T_{\mathrm{e}}}{F_{\mathrm{s}}r_{\mathrm{p}}}$$

$$\rho_i = \tan^{-1}\mu_i, i=1、2$$

$$\mu_1 = \begin{cases} \dfrac{\pi}{\theta_{\mathrm{p}}}\mu_{\mathrm{a}} & i\leqslant 1 \\[2mm] \mu_{\mathrm{a}} & i>1 \end{cases}$$

$$\mu_2 = \begin{cases} \mu_a & i \leqslant 1 \\ \dfrac{\pi}{\theta_s}\mu_a & i > 1 \end{cases}$$

式中　μ_1，μ_2——金属带在带轮上的包角大于 π 时，主、从动带轮上的修正摩擦

系数；

F_b——金属带在两带轮之间的张紧力；

λ——牵引系数；

ρ_i——摩擦角；

φ——斜向角；

θ_p——在主动带轮上的坐标参数；

θ_s——在从动带轮上的坐标参数。

λ 在通常的工程应用范围为 $0.25 \sim 0.45$，λ 与 $y = \ln\left(1 + \dfrac{\lambda}{1-\lambda}\right)$ 呈线性关系，

通过最小二乘法进行线性拟合可得：

$$y = \ln\left(\frac{1+\lambda}{1-\lambda}\right) \approx 2.29\lambda - 0.06 \tag{3-35}$$

忽略微小量，则：

$$\varphi = \frac{\sin\alpha}{\mu}\ln\left(\frac{1+\lambda}{1-\lambda}\right) = \frac{\sin\alpha}{\mu}(2.29\lambda - 0.06) \approx 2.29\lambda\,\frac{\sin\alpha}{\mu} \tag{3-36}$$

将式(3-36) 代入式(3-34)，并代入牵引系数 λ 可得：

$$F_s F_b^2 - \left[2.29\frac{\sin\alpha T_e}{n_p r_p} + \frac{T_e}{r_p}F_s - 4\tan(\alpha+\rho)\left(\frac{\cos\alpha T_e}{2\mu r_p} - F_s\right)\right]F_b + 2.29\frac{\sin\alpha}{\mu}\left(\frac{T_e}{r_p}\right)^2 = 0$$

解方程得：

$$F_b = \frac{B \pm \sqrt{B^2 - 4AC}}{2A}$$

$$A = \theta_s$$

$$B = 2.29\frac{\sin\alpha}{\mu_2}\frac{T_e}{r_p} + \frac{T_e}{r_p}\theta_s - 4\tan(\alpha+\rho_2)\left(\frac{\cos\alpha T_e}{2\mu_2 r_p} - F_s\right)$$

$$C = 2.29\frac{\sin\alpha}{\mu_2}\left(\frac{T_e}{r_p}\right)^2$$

将相关计算参数 ρ_1、F_b 代入式（3-33）中，即可计算出主动轮的轴向夹紧力 F_p。

通过以上的分析可知，主、从动带轮轴向夹紧力与传递扭矩、金属带式 CVT 速比有关。图 3.9、图 3.10（彩图见书后）为主、从动带轮轴向推力随金属带式 CVT 速比和输入扭矩变化关系曲面图[94]。

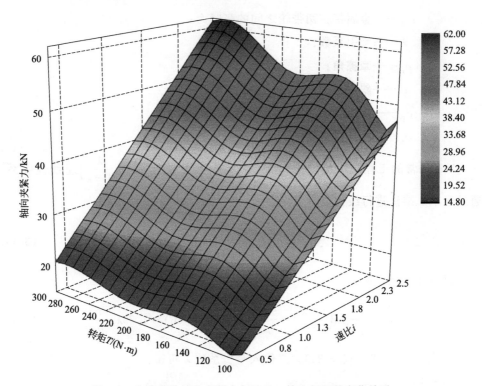

图 3.9　主动带轮轴向夹紧力与速比、输入扭矩的变化关系

为了满足可控性条件，一般要求主动带轮油缸的有效作用面积应大于等于从动带轮油缸的有效作用面积的 1.72 倍。

综上所述，转矩传递是由金属块之间的挤推力和金属环的张力共同作用成的，由于金属带式 CVT 这种特定的变速方式，随着工况（速比）改变，从动带轮所受轴向力首先发生变化，在金属带的约束下主动带轮上所受的轴向力才开始发生变化，使得主、从动带轮可动锥轮的受力变化有先后；同时由于金属带金属块之间的挤推力和金属环的张力大小分布不一致，作用在从动带轮可动锥轮的力与作用在主动带轮可动锥轮的力大小不同，这样会使主、从动带轮可动锥轮轴向移动距离不同，带就会发生轴向偏移。

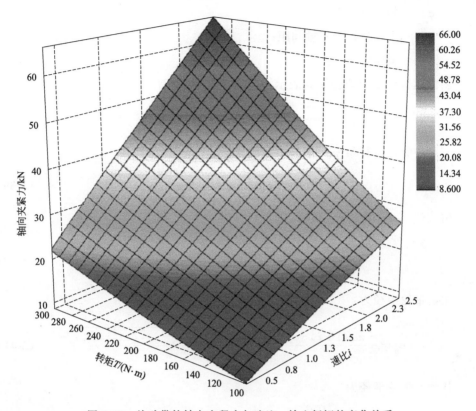

图 3.10　从动带轮轴向夹紧力与速比、输入扭矩的变化关系

　　另外，传动过程中经常存在着金属带与带轮打滑，以及金属环和金属块之间的滑动等，也会导致金属带产生轴向偏移。

3.2　钢带轴向跑偏的运动学分析

　　金属带式无级变速器钢带的轴向跑偏是金属带式 CVT 特定变速方式的必然结果，钢带的轴向偏移会导致钢带与带轮的相互滑移和附加磨损，消耗额外能量，直接影响金属带式 CVT 传动的性能和传动效率。

3.2.1　带轮轴向位移的计算

　　假定金属带的长度为常量，根据金属带与带轮的几何关系可以得到金属带长度与主、从动带轮工作半径的关系[95]：

$$r_{\mathrm{s}}\left(\frac{\pi}{2}+\varphi\right)+r_{\mathrm{s}}\left(\frac{\pi}{2}-\varphi\right)+a\cos\varphi=\frac{L}{2} \tag{3-37}$$

式中　r_{s}——从动带轮工作半径；

φ——斜向运行角；

a——主、从动带轮轴间距；

L——金属带长度。

斜向运行角 φ 可以由下式表示：

$$\varphi = \sin^{-1} \frac{r_p - r_s}{a} \tag{3-38}$$

实际中斜向运行角 φ 一般较小，故：

$$\varphi \approx \sin\varphi, \cos\varphi \approx 1 - \frac{\varphi^2}{2} \tag{3-39}$$

由式(3-37)～式(3-39)可得：

$$2a + \frac{(r_p - r_s)^2}{a} + \pi(r_p + r_s) = L \tag{3-40}$$

主动带轮半径为：

$$r_p = \frac{-\pi a(1+i) + \sqrt{\pi^2 a^2 (1+i)^2 - 4(1-i)^2(2a^2 - aL)}}{2(1-i)^2} \tag{3-41}$$

从动动带轮半径为：

$$r_s = \frac{-\pi ai(1+i) + i\sqrt{\pi^2 a^2 (1+i)^2 - 4(1-i)^2(2a^2 - aL)}}{2(1-i)^2} \tag{3-42}$$

金属带式 CVT 的主、从动带轮工作半径和位移如图 3.11 所示，可得主、从动带轮可动锥轮轴向位移为[96]：

$$x_p = 2(r_p - r_{pmin})\tan\alpha \tag{3-43}$$

$$x_s = 2(r_{smax} - r_s)\tan\alpha \tag{3-44}$$

式中 x_p, x_s——主、从动带轮可动锥轮的轴向位移；

r_{pmin}——主动带轮最小工作半径；

r_{smax}——从动带轮最大工作半径。

由式(3-41)和式(3-43)可得主动带轮可动锥轮的轴向位移 x_p 为：

$$x_p = 2\left[\frac{-\pi a(1+i) + \sqrt{\pi^2 a^2 (1+i)^2 - 4(1-i)^2(2a^2 - aL)}}{2(1-i)^2} - r_{pmin}\right]\tan\alpha$$

$$\tag{3-45}$$

由式(3-42)和式(3-44)可得从动带轮可动锥轮的轴向位移 x_s 为：

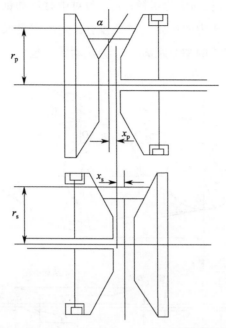

图 3.11　主、从动带轮工作半径和位移示意

$$x_s = 2\left[r_{smax} - \frac{-\pi a i(1+i) + i\sqrt{\pi^2 a^2(1+i)^2 - 4(1-i)^2(2a^2 - aL)}}{2(1-i)^2}\right)$$

(3-46)

3.2.2　钢带轴向偏移量的计算方法

（1）轴向位移法

由于金属带式 CVT 特殊的结构与变速方式，主动带轮可动锥轮轴向位移 x_p 与从动带轮可动锥轮轴向位移 x_s 一般不相等（$i=1$ 时相等），金属带就会产生轴向偏移。

由式（3-45）—式（3-46）可得轴向偏移量 C 的计算如下：

$$C = \frac{x_p - x_s}{2}$$

(3-47)

（2）典型计算法

图 3.12 为金属带式无级变速器的钢带轴向偏移示意，当主动端可动锥轮轴向移动 C_p，从动端可动锥轮同向轴向移动 C_s 时，钢带中心线主、从动端分别同向移动 $C_p/2$ 和 $C_s/2$，由于 $C_p/2$ 和 $C_s/2$ 不一定总相等，因此产生了钢带的偏移。图 3.12 中，r_s 为主动锥轮半径；r_{pm} 为对中时主动锥轮半径；C_p 为主动锥轮端

带中心线的移动；r_p 为从动锥轮半径；r_{sm} 为对中时从动锥轮半径；C_s 为从动锥轮端带中心线的移动；θ 为图中定义的角度；α 为图中定义的锥轮锥角；β_1 为主动锥角包角；a 为两带轮的中心距离；β_2 为从动锥轮包角。

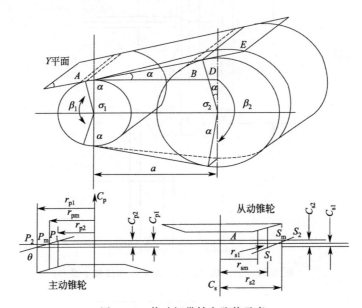

图 3.12 传动钢带轴向跑偏示意

为便于推导，假设：

① 由于钢带的弹性模量较大，因此忽略钢带受力后的弹性伸长，假设钢带在变速的过程中几何长度保持恒定不变；

② 忽略金属块及锥轮的变形对几何关系的影响；

③ 钢带与带轮的作用弧段是理想的圆弧。

由图 3.12 可得金属带式 CVT 传动钢带轴向跑偏的基本几何关系式：

$$L = r_p\beta_1 + r_s\beta_2 + 2\sqrt{(a\cos\theta')^2 + c^2} \qquad (3\text{-}48)$$

$$\beta_1 = \pi - 2\theta' \qquad (3\text{-}49)$$

$$\beta_2 = \pi + 2\theta' \qquad (3\text{-}50)$$

$$\sin\theta' = \frac{r_s - r_p}{a} \qquad (3\text{-}51)$$

$$i = \frac{r_s}{r_p} \qquad (3\text{-}52)$$

在图 3.12 中，主、从动锥轮的固定锥轮相对布置，当主动锥轮半径为 r_{pm}、从动准轮半径为 r_{sm} 时，钢带的轴向偏移为零。在变速过程中，刚带的中心线端点分别在平行于相应的固定锥轮母线，与母线轴向距离为 1/2 钢片宽的 P_1P_2 和 S_1S_2 线上滑动，因此有如下关系成立：

$$C_p = (r_{pm} - r_p)\tan\alpha \tag{3-53}$$

$$C_s = (r_{sm} - r_s)\tan\alpha \tag{3-54}$$

$$C = C_p + C_s \tag{3-55}$$

联立式(3-48)~式(3-55)，可得到 $L = f(i, a, r_p)$ 的非线性方程，当已知带长 L、中心距 a、钢带无跑偏，主、从动带轮的半径 r_{pm}、r_{sm} 时，用数值解析的方法便可求出一定速比条件下主、从动锥轮的半径、包角、带中心线的移动量及钢带的跑偏大小。

借鉴橡胶带带长的近似计算公式，从工程应用的角度，介绍一个较简单的计算公式。在式(3-48) 带长公式中，忽略带的轴向跑偏 C 对带长计算的影响，θ' 较小时，$\theta' = \sin\theta'$，将第三项 $\cos\theta'$ 展开并略去高阶项，保留前两项，则带长：

$$L \approx 2a + \pi(r_p + r_s) + \frac{(r_p - r_s)^2}{a} \tag{3-56}$$

当速比为 1 时，主、从动带轮的作用半径相等为 r_0，则：

$$L = 2a + 2\pi r_0 \tag{3-57}$$

将式(3-56) 带入式(3-57) 得：

$$r_0 = \frac{r_p - r_s}{2} + \frac{(r_p - r_s)^2}{2\pi a} \tag{3-58}$$

初始带无跑偏时，速比 $i_0 = 1$，即 $r_{pm} = r_{sm} = r_0$，有：

$$C_p = (r_0 - r_p)\tan\alpha = \frac{r_s - r_p}{2}\tan\alpha + \frac{(r_p - r_s)^2}{2\pi a}\tan\alpha \tag{3-59}$$

$$C_s = (r_0 - r_s)\tan\alpha = -\frac{r_s - r_p}{2}\tan\alpha + \frac{(r_p - r_s)^2}{2\pi a}\tan\alpha \tag{3-60}$$

从式(3-59)、式(3-60) 可以看出，对于定轴距运行的带传动，为保证各速比位置带长不变，主、从动轮的可动锥轮的轴向位移量并不总是相同的，由此将引起传动带有一定的轴向偏移量。

由式(3-59)、式(3-60) 得传动带的轴向偏移量为：

$$C = C_p + C_s = \frac{(r_p - r_s)^2}{\pi a}\tan\alpha \approx \frac{4r_0^2(i-1)^2}{\pi a(i+1)^2}\tan\alpha \tag{3-61}$$

由式(3-61) 可知，当带长一定，在满足速比范围的前提下，增加带轮中心距 a 和减小 r_0 值可以使偏移 C 减小。在结构参数一定时，速比在最大和最小的情况下，金属带在带轮上的偏移值最大，而当速比 $i=1$ 时轴向偏移为零。

以增速和减速对称分布的直母线锥盘金属带式无级变速器为例，应用式(3-61)计算分析了与不同带轮最小工作半径 r_{min} 和变速范围 i_b 对应的金属带最大偏移量，如表 3.1 所列。

由表 3.1 可知，随着带轮最小工作半径 r_{min} 的增大，金属带的轴向偏移量增大，随着变速范围 i_b 的增大，金属带的轴向偏移量增大得更多，同时增大带轮最小工作半径 r_{min}，可以提高金属带式无级变速器的承载能力；增大变速器的变速范围 i_b，使车速与发动机的最佳工作区对应的范围更广，实现发动机始终在最佳工作区运行，最大限度地提高汽车的经济性和动力性。

金属带轴向偏移主要影响传动带的效率和寿命，轴向偏移量越大，带的扭曲越厉害，这会导致带的寿命和传动效率降低。因此，必须采取措施予以消除。

表 3.1　金属带的轴向偏移量　　　　　单位：mm

最小工作半径 r_{min}	变速范围 i_b									
	6		7		8		9		10	
	中心距 a	偏移量 C	中心距 a	偏移量 C	中心距 a	偏移量 C	中心距 a	偏移量 C	中心距 a	偏移量 C
27.5	145	0.6826	155	0.8240	165	0.9560	175	1.0790	185	1.1936
30.0	160	0.7361	170	0.8939	180	1.1288	190	1.1829	200	1.3141
32.5	170	0.8132	180	0.9912	195	1.1298	205	1.2867	215	1.4349
35.0	180	0.8910	195	1.0610	210	1.2167	220	1.3907	230	1.5558
37.5	195	0.9440	210	1.1309	220	1.3338	235	1.4946	245	1.6769
40.0	205	1.0219	220	1.2286	235	1.4206	250	1.5986	265	1.7634

注：$a=2r_{max}+10mm$ 圆整；变速范围 i_b 为最大速比与最小速比之比。

3.3　钢带轴向跑偏规律的分析

金属带传动扭矩的过程中，速比不断变化。由于速比的变化，金属带在带轮的工作面上既有沿带轮圆周切线方向的运动，又有沿带轮径向方向的运动，因此，除了金属带与带轮之间的圆周切线的摩擦力之外，还有沿带轮工作面径向运动所产生的摩擦力的径向分量，金属块与锥轮之间、金属块之间、金属块与金属环之间也存在着相互作用，使得金属带的受力非常复杂，且随着工况不同而改变；当速比变化时，从动带轮所受轴向力首先发生变化，在金属带的约束下，主动带轮上所受的轴向力才开始发生变化，使得主、从动带轮可动锥轮的受力变化有先后；同时由于金属带的弹性变形以及金属块之间的挤推力和金属环的张力大小分布不一致，作用在从动带轮可动锥轮的力与作用在主动带轮可动锥轮的力大小不同，使主、从动带轮可动锥轮轴向移动距离不同，带就可能会发生轴向偏移。

传动过程中经常存在着金属带与带轮打滑，金属环和金属块之间也存在着滑动等，这些因素也会导致金属带产生轴向偏移。

对于定轴距运行的金属带传动，为保证各速比位置带长不变，主、从动轮的可动锥轮的轴向位移量并不总是相同的，由此引起传动金属带产生一定的轴向偏移。

在满足速比范围的前提下，带长一定，增加带轮中心距 a 和减小 r_0 值可以使偏移量 C 减小；增大带轮最小工作半径 r_{min}，金属带偏移量增大；增大变速范围 i_b，金属带偏移量增大得更多。

在结构参数一定时，速比在最大和最小的情况下，金属带在带轮上的偏移值最大；而当速比 $i=1$ 时轴向偏移量为零。

钢带的轴向偏移会导致钢带与带轮的相互滑移和附加磨损，消耗额外能量，直接影响金属带式 CVT 传动的性能和传动效率。

本章对金属带钢带环在直线段和锥轮包角处受力、金属片之间的挤推力、带轮的轴向夹紧力及钢带轴向跑偏的运动学进行了深入研究，揭示了金属带发生轴向偏移的原因；依据金属带与带轮的几何关系，对带轮轴向位移、钢带的轴向偏移量进行了计算；并对钢带轴向跑偏规律进行了分析。

① 金属带传动过程中，金属片和带轮之间、金属片与金属环之间都存在着复杂的力的相互作用。金属带的转矩传递是由金属块之间的挤推力和金属环的张力共同作用的结果。传递转矩高时，金属带的转矩大部分由金属块之间的挤推力传递。在稳态工况下，金属块之间的挤推力分布是一致的；在从动锥轮的整个包角上的金属块之间都存在连续变化的挤推力，在主动带轮上只有锥轮出口处较小的包角范围内的金属块才有挤推力。

② 随着速比改变，从动带轮所受轴向力首先发生变化，在金属带的约束下，主动带轮上所受的轴向力才开始发生变化，使得主、从动带轮可动锥轮的受力变化有先后，同时由于金属带金属块之间的挤推力和金属环的张力大小分布不一致，作用在从动带轮可动锥轮的力与作用在主动带轮可动锥轮的力大小不同，使主、

从动带轮可动锥轮轴向移动距离不同，带就会发生轴向偏移。

③ 金属带的运动也非常复杂，既有纵向旋转运动、轴向平移，还有金属带的轴向偏移、带与带轮纵向打滑、金属环与金属块相对滑动等。当速比 $i>1$ 时，金属带在主动带轮上发生相对滑动，金属块的速度比金属环的速度快，金属环所受摩擦力的方向与金属带的运动方向相同，而在从动带轮上金属环所受摩擦力的方向与金属带的运动方向相反，所以金属环被拉伸。此时，在从动带轮上的金属环的张力从入口到出口逐步增加，这样金属环的张力便在带轮出口处和入口处产生了张力差，该张力差有助于扭矩的传递。速比 i 越大，金属带的轴向偏移越大。当速比 $i<1$ 时，从动带轮（直径小于主动带轮直径）上发生相对滑动。在从动带轮的包角上金属环的张力在入口侧比出口侧大。因此，在主动带轮上金属环的入口张力比出口张力小，与速比 $i>1$ 时相反，速比 i 越小，金属带的轴向偏移越大。

第 4 章 钢带轴向跑偏的影响

金属带的轴向偏移是金属带式 CVT 特殊结构和变速方式形成的，早期的研究均忽略了这一现象。随着对金属带式 CVT 传动钢带轴向偏移原因、规律及造成的不利影响的深入研究，人们发现钢带轴向偏移使金属带与带轮之间产生滑移，加剧金属片与带轮间的磨损，产生额外的功率损失，并且限制了金属带式 CVT 的速比变化和扭矩传递能力，直接影响到金属带式 CVT 的传动性能、传动效率和使用寿命[61]。

本章分析了金属带轴向偏移对金属带-带轮系统的影响和带轮变形对金属带轴向跑偏的影响，及对金属带式 CVT 传动性能的影响和产生的功率损失。

4.1 钢带轴向跑偏对传动效率的影响

4.1.1 钢带轴向跑偏对金属片的影响

由于金属带轴向偏移，当金属片倾斜进入带轮时，金属带因较大的滑移率存在打滑，金属片和带轮之间的油膜被破坏，此时倾斜进入带轮的金属带的一侧可能与带轮工作表面形成金属与金属的直接接触摩擦，导致摩擦力瞬间增大，金属片在瞬间增大作用力的作用下发生断裂破坏。如图 4.1 所示。

4.1.2 钢带轴向跑偏对传动效率的影响

金属带式 CVT 在传动过程中，由于金属带的轴向跑偏，使作用于金属带的带轮油缸夹紧力减小，造成金属片与带轮之间的摩擦力减小，金属带在带轮上打滑，增大了滑差率，降低了传动效率。而且金属带轴向偏移会加剧金属带与带轮的磨

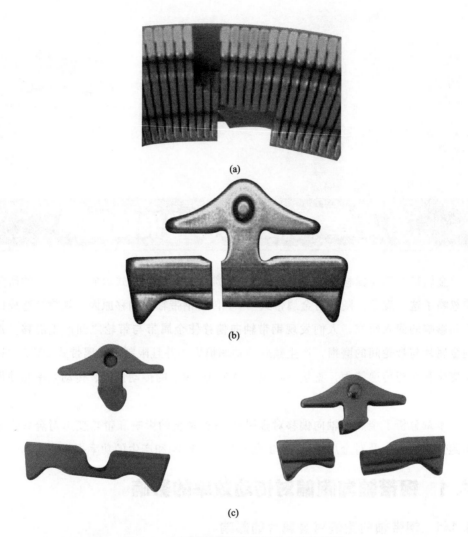

(a)

(b)

(c)

图 4.1 金属带跑偏过大引起的金属片断裂

损，降低金属片和刚带环的强度，进一步减少了金属带-带轮系统的传动效率和使用寿命。

当金属带的轴向跑偏时，在保持相同夹紧力的情况下，此时摩擦造成的额外功率损失 P_2' 为：

$$P_2' = \frac{T_s^2 A_c k_1}{\eta} \left[\frac{1}{\varepsilon_s \cdot \dfrac{F_s a \cos\varphi}{\sqrt{(a\cos\varphi)^2 + C^2}}} + \frac{1}{i^2 \varepsilon_p \cdot \dfrac{F_p a \cos\varphi}{\sqrt{(a\cos\varphi)^2 + C^2}}} \right] \quad (4\text{-}1)$$

$$\varphi = \sin^{-1} \frac{r_p - r_s}{a}$$

式中　a——两带轮的中心距；

　　　C——钢带偏移量；

　　　φ——斜向角。

由式(4-1)—式(1-6)可得，由于金属带轴向偏移造成金属片沿带轮锥轮径向滑动，产生的额外功率损失 ΔP 为[97]：

$$\Delta P = P_2' - P_2 = \frac{T_s^2 A_c k_1}{\eta} \left[\frac{1}{\varepsilon_s \cdot \dfrac{F_s a \cos\varphi}{\sqrt{(a\cos\varphi)^2 + C^2}}} + \frac{1}{i^2 \cdot \varepsilon_p \cdot \dfrac{F_p a \cos\varphi}{\sqrt{(a\cos\varphi)^2 + C^2}}} \right] -$$

$$\frac{T_s^2 A_c k_1}{\eta} \left(\frac{1}{\varepsilon_s F_s} + \frac{1}{i^2 \varepsilon_p F_p} \right) \tag{4-2}$$

4.2　带轮变形对钢带轴向跑偏的影响

在金属带式 CVT 的运行过程中，带轮变形会增大金属带的轴向跑偏，增加金属带与带轮之间的摩擦损失，反过来金属带的轴向跑偏会进一步加剧带轮的磨损和变形，影响 CVT 的传动效率和使用寿命。

4.2.1　带轮变形分析

金属带式 CVT 的带轮锥盘的厚度由中心沿半径方向逐渐变薄，在传动过程中带轮在金属带压力和油缸夹紧力的共同作用下，带轮锥面必会产生一定量的弹性变形。

由于金属带轴向刚度远大于带轮的轴向刚度，金属带受挤压产生的反作用力使两锥盘发生变形，带轮的轴向变形导致带轮锥角 α 增大至 α'，影响速比的变化率。由于锥角的变化，金属带将由理想位置逐步滑动到实际位置，而其在带轮上的工作半径将由理想工作半径滑动到实际工作半径，实际运行轨迹在理想运行轨迹的内侧，金属带式 CVT 带轮变形后的金属带运行轨迹如图 4.2(a) 所示。

金属带式 CVT 在包角范围内带轮工作半径上的轴向变形是一变化值，金属带在带轮上的实际运行轨迹不再是理想圆弧，如图 4.2(b) 所示。从钢带包角的入口到出口，金属带在主、从动带轮的径向方向是逐渐楔入带轮，离开带轮时是逐渐楔出的。在包角区域，由金属块与带轮之间径向滑动产生的摩擦损失称为楔入损失。同时，由于带轮轴向变形的影响，金属带进入带轮包角时，提前与带轮接

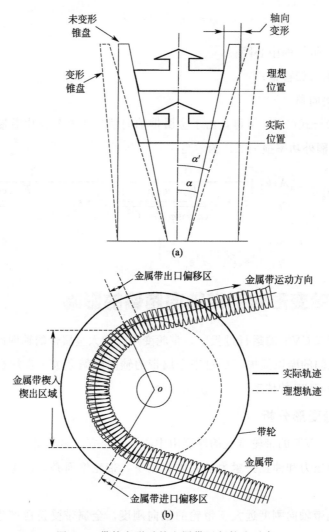

图 4.2 带轮变形后的金属带运行轨迹示意

触以克服入口处的运行轨迹偏移，直至进入理想包角入口；离开带轮时，需克服出口处的运行轨迹偏移，延迟了与带轮的接触，直至带轮变形消失，在进、出口处金属带与带轮的摩擦损失称为进出口损失[59]。

金属带偏移与主动带轮和从动带轮中两固定锥轮之间的距离即中心距有关，由于带轮变形会改变两半轮间的带轮夹角，带轮的夹角会影响此垂直距离，所以带轮的变形导致金属带轴向偏移值的改变。带轮变形后，夹角变大导致金属带轴向偏移增大，偏移曲线改变[98]。

目前对带轮变形的研究局限于假设可动锥轮和固定锥轮的变形是对称的，即假设可动锥轮和固定锥轮的变形量相同。然而，在实际情况下，固定锥轮的两端轴被约束住 6 个自由度，并且受到金属带的加载力；而可动锥轮轴向可移动，仅固定住 5 个自由度，并且可动锥轮两侧分别受到金属带和液压的共同作用。由于两者的受力方式和固定方式不一样，所以固定锥轮和可动锥轮的变形是不一致的。

4.2.2　带轮楔角对金属带轴向跑偏的影响

在 BOSCH 轴向偏移模型中，用金属带式 CVT 两固定带轮锥面的垂直距离来表示金属带的轴向偏移，该初始装配尺寸和带轮楔角有着直接的关系。而由于带轮的变形会造成带轮楔角的变化，可以推测带轮的变形将会影响带轮的轴向偏移。为了探索带轮楔角变化对金属带轴向偏移的影响，通过改变带轮楔角的大小，可以得到不同楔角下的金属带偏移曲线，如图 4.3 所示[99]。图 4.3 中，曲线 1 表示带轮楔角为 11.5° 的钢带轴向偏移曲线；曲线 2 表示带轮楔角为 11° 的钢带轴向偏移曲线；曲线 3 表示带轮楔角为 10.5° 的钢带轴向偏移曲线。

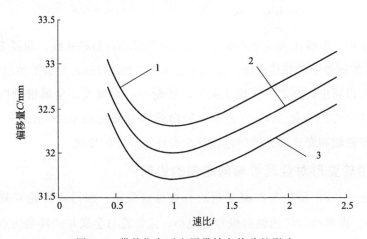

图 4.3　带轮楔角对金属带轴向偏移的影响

由图 4.3 可知，金属带轴向偏移曲线随着带轮楔角的增大而向上平移，表明速比相同时，带轮楔角 β 越大，金属带的轴向偏移量 C 越大，带轮轴向尺寸就越大，所以带轮的楔角不宜过大。带轮楔角变化 0.5° 时，偏移曲线向上平移了 0.3mm 左右，说明带轮楔角对金属带的轴向偏移影响较大。

4.2.3　带轮中心距对金属带轴向跑偏的影响

金属带式 CVT 在传递动力的过程中，带轮轴受到固定带轮与可动带轮的径向力及轴向力复合载荷作用，如果传递的扭矩比较大，那么受到复合载荷作用的带轮轴、壳体轴承孔等可能产生变形，使带轮实际工作时的中心距与装配时的中心距不同，存在一定的偏差。

不同带轮中心距对金属带轴向偏移的影响如图4.4所示[99]。

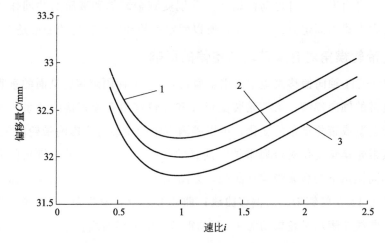

图4.4　带轮中心距对金属带轴向偏移的影响

图4.4中，曲线1表示中心距145mm的钢带轴向偏移曲线，曲线2表示中心距146mm的钢带轴向偏移曲线，曲线3表示中心距147mm的钢带轴向偏移曲线。由图4.4可以看出，在同一速比工况下，带轮中心距越大，金属带轴向偏移量就越小。带轮中心距变化1mm，金属带轴向偏移量变化约0.2mm。实际应用中，通过提高带轮轴和变速器壳体的刚度减少带轮中心距的变化。

4.2.4　带轮变形对金属带轴向跑偏的影响

金属带式CVT带轮工作面常用的有直母线带轮、曲母线带轮和复合母线带轮[2]三种。曲母线带轮的轴向偏移量很小，但带轮与金属片的接触为点接触且出现不共轭现象，磨损较严重。复合母线带轮的工作面由直母线和曲母线构成，综合了曲母线与直母线的优点，但制造困难、加工成本高，不能广泛应用，且在直母线和曲母线的衔接处有突变，速比变化不平稳[100]。

直母线带轮加工容易，相对于前两种带轮应用广泛。带轮和金属片的侧面都是11°的斜面，金属片的侧面和带轮面为线接触，强度较高，速比变化平稳。但在金属带式CVT工作过程中，主动带轮和从动带轮的中心线不重合，金属带沿带轮轴方向产生偏移（速比为1时偏移为零），其偏移量 C 由式(3-61)计算。

金属带发生偏移时就会增加金属带与带轮的磨损，减少金属带与带轮的使用寿命。钢带环在金属带发生偏移时会产生侧向弯曲的力，由于钢带环的横向刚度与纵向刚度不一致，纵向容易发生弯曲，所以偏移会减少钢带环的使用寿命。当金属带偏移值较小时，影响不大，较大时需采取相应措施，减小偏移值。

如上所述，带轮可动锥轮与固定锥轮的变形易受夹紧力和带轮工作半径的影响，带轮变形的最大值超过 0.1mm，而在金属带式 CVT 的装配过程中，带轮变形也会影响金属带的轴向偏移。目前，金属带偏移的许多研究没有考虑带轮变形，通常假设带轮和金属带为刚体，所以由式(3-61) 计算的偏移值不精确。

国外提出了几种金属带偏移的计算模型，其中应用最多的是 BOSCH 计算模型。BOSCH 模型测量方便直观、计算误差小。将测量仪器安装在带轮内侧并与带轮垂直，直接测量斜前方带轮的距离，代入 BOSCH 计算模型，即可以求得偏移值。BOSCH 计算模型如图 4.5 所示[99]。

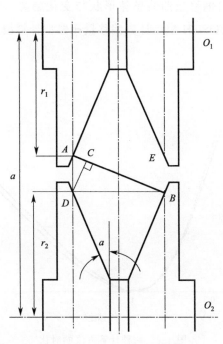

图 4.5　BOSCH 计算模型

由直角△BCD 可得：

$$L_{BC} = L_{DB} \cos\alpha \tag{4-3}$$

由直角△ACD 可得：

$$L_{AB} = L - r_1 - r_2 \tag{4-4}$$

$$L_{AC} = L_{AD} \sin\alpha \tag{4-5}$$

由直角 $\triangle ABD$ 可得：

$$L_{AB} = L_{BC} - L_{AC} \tag{4-6}$$

当中心距确定时，在速比一定的情况下，带轮半径值是不变的，所以 BOSCH 计算模型与偏移量 C 的关系式为：

$$C = -(-a + r_1 + r_2)\sin\alpha + L\cos\alpha \tag{4-7}$$

而考虑带轮变形的模型为：

$$C' = -(-a + r_1' + r_2')\sin\alpha' + L\cos\alpha' \tag{4-8}$$

由式(3-61) 和式(4-7) 计算得到的钢带轴向偏移曲线，如图 4.6 所示[98]。图中曲线 1 是由式(3-61) 计算得到的钢带轴向偏移曲线，曲线 2 是由式(4-7) 计算得到的钢带轴向偏移曲线。从图 4.6 中可以看出，由典型计算模型与 BOSCH 计算模型得到的钢带轴向偏移量曲线整体形状与变化趋势一致，近似为一抛物线，在速比较大和较小时 BOSCH 模型计算偏移量比典型计算模型稍小。

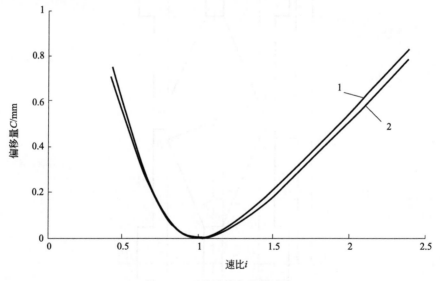

图 4.6　两种计算方法的对比

由于典型计算模型是借用橡胶带带长公式的一种近似算法，且假设速比为 1 时，金属带的轴向偏移量为零，而在金属带式 CVT 的实际运行过程中，速比为 1 时的工况并不是最常用的工况，在金属带式 CVT 的设计原则中，应在最常用工况下的轴向偏移量最小。

由式(3-61) 和式(4-8) 计算得到的钢带轴向偏移曲线，如图 4.7 所示[98]，图中曲线 1 为计算带轮变形的金属带轴向偏移曲线，曲线 2 为未计算带轮变形的金属带轴向偏移曲线。从图 4.7 中可以看出，当考虑带轮变形量时得到偏移量比不考虑变形时的大；当速比较大时，从动带轮的变形和由变形引起的带轮偏斜角度的增加，偏移量增加；当速比较小时，主动带轮的变形和带轮偏斜角度的增加导致偏移量增加。同时，最大偏移量的产生位置也会发生变化，所以无法预先设定偏移量大小和位置，高速转动下会使金属片与带轮磨损严重，容易使局部金属片断裂或金属带环的断裂。

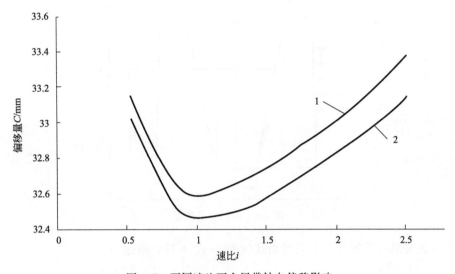

图 4.7　不同速比下金属带轴向偏移影响

4.2.5　带轮变形造成的功率损失

（1）带轮变形损失分析

由于带轮工作半径上的轴向变形在包角范围内是一变化值，金属带在带轮上实际运行轨迹不再是理想圆弧。从包角入口到包角出口，金属带在径向方向是逐渐楔入带轮，而离开带轮时是逐渐楔出带轮，其在包角区域与带轮的径向滑动所产生摩擦损失为楔入损失。受到包角进出口处带轮轴向变形的影响，金属带进入带轮时需克服入口处的轨迹偏移，提前与带轮接触，直至进入理想包角入口，而离开带轮时需克服出口处轨迹偏移，延后了与带轮的接触，直至带轮变形消失，在进出口处金属带与带轮的摩擦损失统称为进出口损失。

带轮变形损失实质上是发生在金属带与带轮之间的摩擦损失，其涉及带轮结构、金属带运动轨迹及金属带与带轮间的摩擦特性等问题，影响因素众多[101]。当带轮变形时，金属带由理想工作半径滑移到实际位置，如图 4.8 所示［图中符号意义同式(4-9)~式(4-11)〕，带轮工作半径发生变化将严重影响带轮的速比效能及变速机构的传动效率[94]。金属片径向滑移所造成的摩擦损失将造成金属带式CVT工作效率的下降。

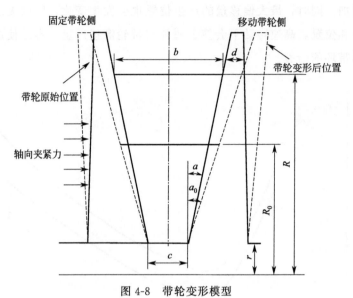

图 4-8　带轮变形模型

带轮变形前后的几何关系可由式(4-9)~式(4-11) 表述。

$$b = 2(R-r)\tan\alpha + c \tag{4-9}$$

$$R_0 = R - d(R-r)/[d+(R-r)\tan\alpha] \tag{4-10}$$

$$\alpha_0 = \tan^{-1}(R-r/R_0-r) \tag{4-11}$$

式中　α——未变形的带轮锥角；

$\quad\alpha_0$——变形后带轮锥角；

$\quad R$——带轮未变形金属带工作半径；

$\quad R_0$——带轮变形后金属带工作半径；

$\quad b$——金属块宽度；

$\quad r$——带轮轴半径；

$\quad d$——带轮轴向变形量。

在包角区，金属带在带轮锥面的径向滑移使得金属带的实际运行轨迹不再是一个理想的圆弧。金属带实际运行轨迹在理想工作半径的内侧。当金属带逐渐楔入或者逐渐楔出带轮时，带与带轮之间的径向相对运动会产生摩擦功率损失。

当带轮锥面轴向变形量为 d 时，根据式(4-10) 可以求得金属带径向位置与理论位置相差的最大值 h_1。楔入时金属带上单个金属块运动到最大工作半径所做摩擦功 W_f 为：

$$W_f = 2\mu_a N_0 h_1 \tag{4-12}$$

式中　N_0——主动带轮上单个金属片所受正压力。

楔出带轮时运动机理与楔入带轮一致，则单个金属块径向运动消耗的总摩擦功 W 为：

$$W = 2W_f \tag{4-13}$$

主动带轮上总的摩擦损失 T_0 为：

$$T_0 = n_0 W / n_p \tag{4-14}$$

式中　n_0——单位时间通过的金属块数。

对于金属带式 CVT 传动系统而言，主、从动带轮损失机理一致。则总的功率损失为：

$$T = n_0 \left(\frac{W_p}{n_p} + \frac{W_s}{n_s} \right) \tag{4-15}$$

式中　W_p——主动带轮上单个金属片径向滑移消耗摩擦功；

　　　W_s——从动带轮上单个金属片径向滑移消耗摩擦功；

　　　n_p——主动带轮的转速；

　　　n_s——从动带轮的转速。

(2) 带轮变形金属带的摩擦损失

不同工况下，由金属带工作半径处的最大变形量可求出金属带的最大径向滑移量，从而计算出带轮变形产生的摩擦损失。图 4.9 表示转矩一定时金属带摩擦损失与速比之间的关系，从图中可以看出：在速比较小或较大时，主、从动带轮上必有一侧的金属带工作在锥轮边缘处，导致带轮变形较大，金属带在带轮锥面的径向滑移量增大，因此摩擦损失增大[94]。

图 4.10 表示速比一定时金属带摩擦损失与转矩之间的关系，从图中可以看出，随着转矩增加，摩擦损失不断增大。这主要是因为夹紧力随着转矩的增大而增加，导致金属带上单个金属块在带轮锥面上的正压力增大、摩擦损失加剧。

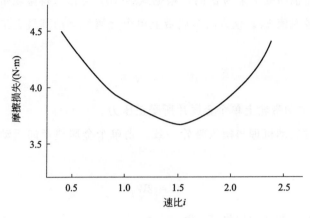

图 4.9　金属带摩擦损失与速比关系

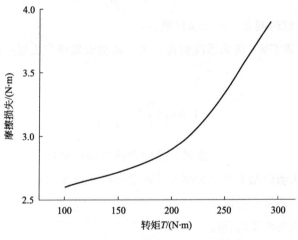

图 4.10　金属带变形损失与转矩关系

（3）带轮结构设计优化

为减少金属带式 CVT 的摩擦功率损失，对带轮及相关参数进行了改进设计和优化。

1）曲母线带轮

为降低变速机构的功率损耗，设计了曲母线带轮，如图 4.11 所示。用曲母线带轮取代传统 11°带轮，金属片与带轮工作面的接触状态将会得到极大改善，可有效降低夹紧力和径向滑动。在同样的速比变化范围内，带轮轴向移动行程大大缩短，有效提高了金属带式 CVT 的传动效率[3]。

2）增大带轮等效轴向刚度

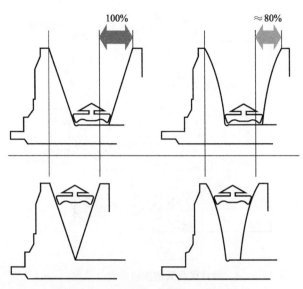

图 4.11　曲面带轮与传统 11°带轮比较

以主动带轮为分析对象，图 4.12 和图 4.13 分别为金属带式 CVT 原主动带轮模型及结构优化后的主动带轮模型[59]。

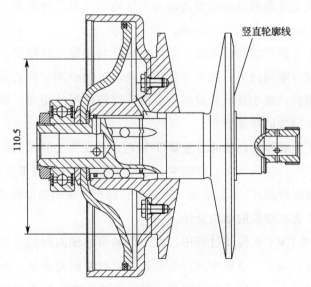

图 4.12　原主动带轮（单位：mm）

由图 4.12、图 4.13 可知，新模型优化了两处：

① 将带轮轴背部的竖直轮廓线进行了坡度设计，以此增加带轮轴悬臂结构根

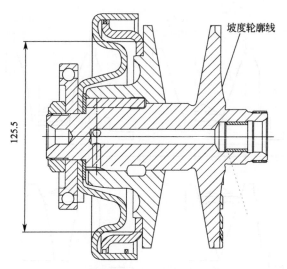

坡度轮廓线

125.5

图 4.13　设计优化后的主动带轮（单位：mm）

部的厚度，从而增大其等效轴向刚度；

②　增大油缸与带轮可动锥盘的接触直径，这使得油缸背面的支撑面积增大，此时油缸作用力对可动锥盘的支撑面积增大，同样增大了其等效轴向刚度。

优化后的固定锥盘和可动锥盘的轴向变形均小于原带轮锥盘，在包角中心处轴向变形由 0.18mm 降低至 0.15mm。

另外，减小金属片之间的间隙，增大金属片与钢带环的刚度，可减小钢带的滑移率，从而减少摩擦损失；减小带轮的楔角，可减小钢带环的张力，从而减小钢带环的摩擦损失；减小金属片肩部与金属片接触棱间的距离、钢带的层数和厚度，也可以减少钢带的摩擦损失。

本章分析了金属带轴向偏移对金属带-带轮系统及传动效率的影响；研究了带轮变形产生的原因，带轮楔角、带轮中心距和带轮变形对金属带轴向跑偏的影响，及带轮变形对金属带式 CVT 造成的功率损失；提出了采用曲母线带轮，增大带轮等效轴向刚度等优化带轮的结构设计。

①　金属带式 CVT 在传动过程中，由于金属带的轴向跑偏，使作用于金属带的带轮油缸夹紧力减小，造成金属片与带轮之间的摩擦力减小，金属带在带轮上打滑，增大了滑差率，降低了传动效率。而且金属带轴向偏移会加剧金属带与带轮的磨损，降低金属片和刚带环的强度，进一步降低了金属带-带轮系统的传动效率，缩短了使用寿命。

②　由于带轮变形会改变两半轮间的带轮夹角，带轮的夹角会影响此垂直距

离，所以带轮的变形导致金属带轴向偏移值的改变。带轮变形后，夹角变大导致金属带轴向偏移增大。

③ 金属带轴向偏移曲线随着带轮楔角的增大而向上平移，表明速比相同时，带轮楔角 β 越大，金属带的轴向偏移量 C 越大，带轮轴向尺寸就越大，所以带轮的楔角不宜过大。在同一速比工况下，带轮中心距越大，金属带轴向偏移量则越小。

④ 当速比较大时，从动带轮的变形和由变形引起的带轮偏斜角度的增大，偏移量增加；当速比较小时，主动带轮的变形和带轮偏斜角度的增加导致偏移量增加，使金属片与带轮间磨损严重，容易使局部金属片断裂或金属带环断裂。

第 5 章　钢带轴向跑偏的控制方法

金属钢带的轴向偏移是金属带 CVT 特定变速方式的必然结果，由于钢带长度一定，主、从动带轮的固定锥轮相对布置，活动锥轮相对运动，钢带在主动带轮和从动带轮固定锥轮上的轴向位移不同，造成了钢带的轴向偏移；金属钢带的轴向偏移会导致带与带轮的相互滑移和附加磨损，消耗额外能量，这将直接影响金属带式 CVT 的传动性能和传动效率，在偏移量过大时，将使金属传动带、带轮严重磨损，导致金属带式 CVT 不能正常工作，因此必须采取措施予以消除。本章研究了 4 种消除钢带轴向偏移的方法，分别是曲母线带轮法、速比调节法、活动锥轮法和设计新型电液伺服系统来消减钢带轴向偏移的方法。

5.1　曲母线带轮法

包括典型曲母线带轮法、Hendriks 曲母线带轮法、圆弧母线带轮法和复合母线锥轮法。

5.1.1　典型曲母线带轮法

金属带式 CVT 传动钢带的轴向跑偏可采用曲母线带轮的方法加以矫正，如图 5.1 所示。带轮特有的曲母线使钢片向带轮固定端移动 d_c，从而使带轮可动端向左移动 $2d_c$，钢带的中心线向左移动 d_c，这时钢带的跑偏被补偿了 d_c[53]。

　　为了消除钢带的轴向跑偏 C，采用曲母线带轮的方法是，主、从动带轮各矫正 $C/2$，如图 5.1 建立坐标系，设坐标原点在 r_{pm}、r_{sm} 处，设带轮母线的坐标为 (x, y)。

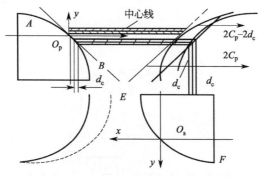

图 5.1　曲面带轮原理

主动带轮：

$$\left.\begin{array}{l} x_{p_1} = C_p - \dfrac{C}{2} \\[2mm] y_{p_1} = r_p - r_{pm} \end{array}\right\} \tag{5-1}$$

从动带轮：

$$\left.\begin{array}{l} x_{s_1} = C_s - \dfrac{C}{2} \\[2mm] y_{s_1} = r_s - r_{sm} \end{array}\right\} \tag{5-2}$$

　　由图 5.1 可知，主、从动固定带轮母线的横坐标 x_p、x_s 与主从动轮端钢片、钢片中心线的偏移量相等，结合式(3-55)，采用该曲母线带轮后钢带的轴向跑偏为：

$$C_1 = x_{p_1} + x_{s_1} = C_p - \frac{C}{2} + C_s - \frac{C}{2} \tag{5-3}$$

　　由上式可知，采用该曲母线带轮后理论上可使轴向跑偏为零，实际上，由于加工误差、金属带形变及其他复杂工况等因素的影响，轴向跑偏并不为零。

5.1.2　Hendriks 曲母线带轮法

　　从式(3-59)、式(3-60)可以看出，主、从动带轮钢带中心线的轴向偏移由同向移动的 $[(r_{pm} - r_p)\tan\theta]/2$ 项和反向移动的 $[(r_{pm} - r_p)^2\tan\theta]/(2\pi a)$ 项组成，正是由于该反向移动项造成了钢带的轴向偏移[53]。据此可设计出相应的母线带轮来消减钢带的轴向偏移。假设如下：

主动锥轮

$$\left.\begin{array}{l} x_{p2}=\dfrac{r_s-r_p}{2}\tan\theta=\dfrac{(r_s-r_{sm})-(r_p-r_{pm})}{2}\tan\theta=\dfrac{\Delta r_s-\Delta r_p}{2}\tan\theta \\[4mm] y_{p2}=r_p-r_{pm} \end{array}\right\} \quad (5\text{-}4)$$

从动锥轮

$$\left.\begin{array}{l} x_{s2}=\dfrac{r_s-r_p}{2}\tan\theta \\[4mm] y_{s2}=r_s-r_{sm} \end{array}\right\} \quad (5\text{-}5)$$

得：

$$\Delta r_s=\Delta r_p-\dfrac{\pi a}{2}+\sqrt{\left(\dfrac{\pi a}{2}\right)^2-2\pi a y_{p2}} \quad (5\text{-}6)$$

$$x_{p2}=-x_{s2}=\left(-1+\sqrt{1-\dfrac{8y_{p2}}{\pi a}}\right)\dfrac{\pi a}{4}\tan\theta \quad (5\text{-}7)$$

该曲母线带轮上钢带的轴向偏移为：

$$C_2=x_{p2}+x_{s2}$$

可以看出：采用 Hendriks 曲母线带轮，理论上可使轴向跑偏为零，实际上，由于加工误差、金属带形变及其他复杂工况等因素的影响，轴向跑偏也不为零。

5.1.3　圆弧母线带轮法

如图 5.1 所示，圆弧母线通过主动带轮上 3 点（A，B，O_P）及相应从动带轮上（F，E，O_S）3 点时，带的偏移为零[53]。若通过主动锥轮上（A，B，O_P）3 点的圆弧圆心为（x_{c1}，y_{c1}），则有：

主动带轮

$$\left.\begin{array}{l} (x_{p3}-x_{c1})^2+(y_{p3}-y_{c1})^2=R_1^2 \\[4mm] x_{c1}=\dfrac{(x_a^2+y_a^2)y_b-y_a(x_b^2+y_b^2)}{2(x_a y_b-x_b y_a)} \\[4mm] y_{c1}=\dfrac{(x_a^2+y_a^2)x_b-x_a(x_b^2+y_b^2)}{2(x_b y_a-x_a y_b)} \\[4mm] R_1=\sqrt{x_{c1}^2+y_{c1}^2} \end{array}\right\} \quad (5\text{-}8)$$

从动带轮

$$\left.\begin{array}{l}(x_{s3}-x_{c2})^2+(y_{s3}-y_{c2})^2=R_2^2\\[2mm]x_{c2}=\dfrac{(x_c^2+y_c^2)y_f-y_c(x_f^2+y_f^2)}{2(x_cy_f-x_fy_c)}\\[4mm]y_{c2}=\dfrac{(x_c^2+y_c^2)x_f-x_c(x_f^2+y_f^2)}{2(x_fy_c-x_cy_f)}\\[4mm]R_2=\sqrt{x_{c2}^2+y_{c2}^2}\end{array}\right\}\qquad(5\text{-}9)$$

钢带的偏移方程为：

$$C_3=x_{p3}+x_{s3}$$

代入 A、O_p、B、E、O_s、F 点的坐标，即可求出带的偏移。

3 种不同曲母线带轮的传动钢带轴向偏移理论计算值如图 5.2 所示。

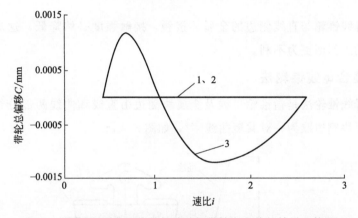

图 5.2　3 种不同曲母线带轮消减钢带轴向跑偏的效果比较图

　　从图 5.2 可知，采用 Hendriks 曲母线带轮（曲线 1、曲线 2）都能起到完全补偿钢带跑偏的作用，理论上可使轴向跑偏为零，圆弧曲母线带轮（曲线 3）也有较好的减偏效果，其钢带最大轴向跑偏仅为 0.0012mm，基本消除了钢带轴向跑偏。

　　实际上，在金属带形变和其他复杂工况影响下，钢带轴向偏移并不为零，且曲母线带轮加工困难，制造成本高，同时曲母线带轮锥盘存在如下问题：

　　① 锥轮与金属环出现角接触。曲母线锥轮与直线侧边金属环配合，破坏了锥轮母线与金属环侧边的共轭关系，锥轮与金属环之间必然出现角接触（见图 5.3），在速比 $i=1$ 附近，也不能保证速比连续变化。

　　② 锥轮的接触强度降低。直母线锥轮与直线侧边的金属环接触，接触强度最

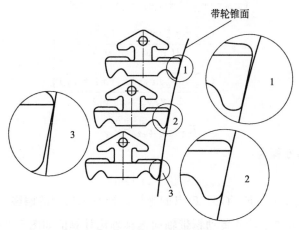

图 5.3　金属环与锥轮的角接触

高，而曲母线锥轮与直线侧边的金属环接触，接触强度必然降低，这对于锥轮上半径较小的工作面更为不利。

5.1.4　复合母线锥轮法

复合母线锥轮法是指锥轮母线及金属块侧边由直线和曲线两部分组成，锥轮母线与金属块侧边取为一对共轭曲线[53]，如图 5.4 所示。

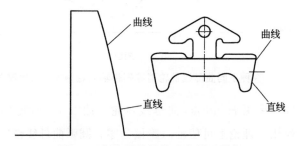

图 5.4　复合母线锥轮和金属环形状

锥轮半径 $r < r_0$ 的母线为直线，该段母线与金属块的直线侧边接触；锥轮半径 $r > r_0$ 的母线为曲线，与对应的金属块曲线侧边为一对共轭曲线，这样，既保持了原直母线锥轮接触强度高的优点，也能保证金属带不发生较大轴向偏移。

应用于吉利自由舰轿车的复合母线锥轮金属带式无级变速器的主要参数如下：金属带传动中心距 160mm，带长 670mm，速比 i 为 0.4072～2.4552，变速范围为 6.029，最大输入转矩为 128N·m，主、从动带轮最大工作半径为 69.1760mm，主、从动带轮最小工作半径为 27.7248mm，带轮可动锥轮的轴向位移为 9.4mm，经测试钢带最大轴向跑偏量为 0.424mm，比同规格尺寸的直母线带轮的钢带最大轴向跑偏量 0.8342mm（计算值）减少了近 1/2，可见采用复合母线锥轮大大减小钢带的偏移。

但复合母线锥轮同样存在加工困难、制造成本高，在直线和曲线连接处接触强度降低，也不能保证速比连续变化，工作不稳定等缺点。

以上介绍的 4 种曲母线带轮虽有较好的减偏效果，但它们有共同的缺点：a. 加工困难，制造成本高；b. 曲母线带轮在传动过程中不同速比时带轮槽角是变化的，使金属带与带轮的接触面积不断减小，直接影响动力传递的可靠性。

5.2　速比调节法

就目前而言，实际中常采用的还是直母线带轮，锥轮的工作面都是直母线锥面，V 形金属块的侧边也是直线，其优点是加工方便、制造成本低，金属块与锥轮的接触强度高，传递扭矩大等。

当速比 $i=1$ 时，偏差最小，轴向跑偏量 $C=0$；在极限速比位置，传动钢带的轴向偏移最大，对于变速范围小于 6.0 的金属带式 CVT，钢带轴向偏移的最大值约 1mm。通常在速比 $i=1$ 时，预置一个金属带的轴向偏移量，使金属带的最大偏移量减小到未调整时的 50%～60%；在用的金属带式无级变速器就常采用这种方法，如图 5.5 所示。

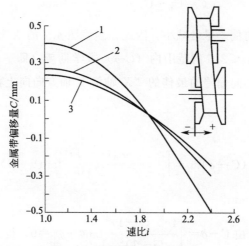

图 5.5　锥盘形状与带的偏移

1—直母线锥盘（11°）；2—直母线锥盘（7°）；3—LUK 球面锥盘（LUK 球面锥盘用于摆销链式无级变速器）

预置金属带的轴向偏移量的 3 种方法[2]。

① 在速比 $i=1$ 时，预置一轴向跑偏量 $C=\dfrac{2r_0^2}{\pi a}\left(\dfrac{i_{\max}-1}{i_{\max}+1}\right)^2\tan\alpha$，即最大跑偏量的 $1/2$，这样传动钢带的轴向跑偏量的最大值被减少了 $1/2$。

② 使速比 $i=i_{\text{top}}$ 时的偏移量 $C=0$，i_{top} 为汽车发动机发出最大功率使汽车达到最高速度时的速比。设计时，在 $i=i_{\text{top}}$ 处，使主、从动带轮 V 形槽的中心线重合。

③ 采用优化算法，使常用速比范围内金属带的偏移量 C 最小。

上述 3 种做法的实质，都是在速比 $i=1$ 时预置金属带的轴向偏移量，使金属带偏移量的最大值减小到未调整时的 $50\%\sim60\%$，不能从根本上解决偏移问题。

目前装车的金属带式（包括摆销链式）无级变速器产品中，因为受金属带偏移量的限制，无级变速器的变速范围大多在 $R_b=5.5$ 左右，不超过 6。

对比表 3.1 与图 5.5，可以看出：即使采用了预置轴向偏移量的方法，表 3.1 中最大偏移量小于 0.90mm 的范围也很小，若增速和减速不对称分布，则偏移量更大，可用范围更小。

改变无偏移时的速比消减轴向偏差还可采用如下方法。

计算偏差 C 的公式简化为：

$$C=C_p+C_s=\frac{(r_p-r_s)^2}{\pi a}\tan\theta \tag{5-10}$$

为了使钢带轴向偏差尽量减小，因此，当将图 4.7 的 X 轴沿 Y 方向向上移动时，假如能使 $0.5\leqslant i\leqslant 2.5$ 的范围内 $(C-\delta)$ 数学期望（即平均值）为 0，则此时求出的是消减钢带轴向偏差的最佳的 "X 轴沿 Y 轴方向向上移动量"（$i=0$ 时的最佳初始偏移量）。

即为：

$$\int_{i=0.5}^{i=2.5}(C-\delta)\mathrm{d}i=\int_{i=0.5}^{i=2.5}\frac{4r_0^2(i-1)^2}{(i+1)^2}\tan(\theta-\delta)\mathrm{d}i=0$$

得：$\delta=0.3822\text{mm}$。

利用得到的 δ，由 $C-\delta=\left[\dfrac{4r_0^2\,(i-1)^2}{(i+1)^2}\tan\theta-\delta\right]=0$，得到 2 个钢带无轴向偏移时的最佳速比 $i=0.55$ 和 $i=1.87$。

如图 5.6 所示，此时最大钢带偏移量小于 0.3822mm，少了 50%。

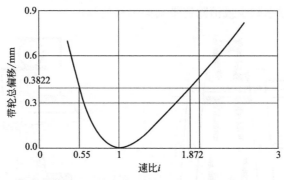

图 5.6　无偏移时的最佳速比的计算

金属带式 CVT 常用速比范围为 $0.5 \sim 2.5$，若以减少在该速比范围内带的偏移为设计目标，调整带轮轴向位置，使 $i=0.55$ 或 $i=1.87$ 时钢带的偏移为零，则为最佳的轴向偏差消减，这两种速比为最佳的无偏移速比。

实际中，金属带式 CVT 速比 $i=0.55$ 时不常用，若要在速比为 $0.7 \sim 1.4$ 之间尽量减少轴向偏差，可选择无偏移时的速比 $i=0.7$，与图 5.6 比较，并参见图 5.7，利用式(5-10)计算得到曲线整体下移量为 0.2868，最大的钢带轴向偏移量已减小为未调整时的 62%，也能起到一定的消减偏差效果。

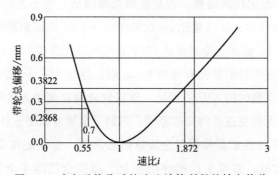

图 5.7　改变无偏移时的速比计算所得的轴向偏移

5.3　活动锥轮法

既然金属钢带的轴向偏移是由于主、从动带轮两个相对布置的活动锥轮轴向位移不一致造成的，那么，在金属带式 CVT 变速时也就是改变金属带在主、从动带轮上的节圆直径大小时，假如主、从动带轮的两个锥轮都是活动的，就可以完全消除钢带的轴向偏移现象了[2]。如图 5.8 所示的调节机构能保证锥轮相对或相背同步协调运动，可实现金属带式 CVT 的变速。但该法结构复杂，不便于实际应用，因此有必要寻求减少或消除钢带轴向偏移的其他方法。

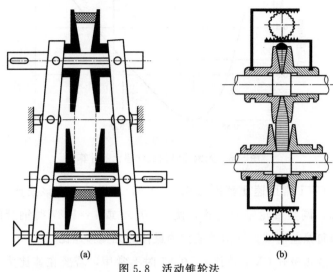

图 5.8　活动锥轮法

综上分析得到以下结论：

① 曲母线带轮虽有较好的减偏效果，但由于锥盘母线与金属片侧边不共轭，金属片与锥盘间必然出现角接触，锥盘接触强度降低，也不能保证速比连续变化。

② 虽然采用最佳的无偏移速比 $i=0.55$ 或 $i=1.87$ 用以消减轴向偏差，最大的轴向偏移可减小 1/2；但由于金属带式 CVT 常用的速比范围为 $0.7\sim1.4$，若使金属带式 CVT 速比 $i=0.7$ 时钢带轴向偏差为 0，则在速比为 $0.5\sim2.5$ 范围内，最大的钢带偏移量仍为未调整时的 62%。可见，预置轴向偏移量的方法不能从根本上解决问题，因而限制了无级变速器的变速范围，限制了金属带和变速器的承载能力。

③ 复合母线锥盘的锥盘母线与金属带侧边共轭，能保证在变速范围内锥盘与金属片处处共轭接触，实现速比的连续变化，可完全消除了金属带的轴向偏移，但加工困难，制造成本高，实际应用较少。

为能有效消除金属带式 CVT 传动钢带的轴向跑偏，笔者设计了一种新型的金属带式 CVT 电液控制装置（系统），它能对传动过程中主、从动带轮可动锥轮的位置进行实时检测，并能适时调整可动锥轮的位置，从而达到消除传动钢带的轴向跑偏。

5.4　电液伺服控制法

金属带式 CVT 的电液控制装置（系统）主要由夹紧力控制系统、位置控制系统和速比控制系统组成，如图 5.9 所示。

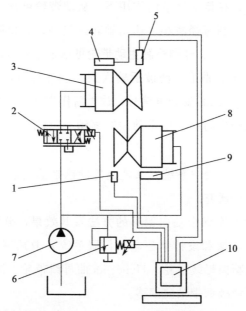

图 5.9　金属带式 CVT 电液伺服控制系统的原理

1，5—速度传感器；2—电液比例换向阀；3—主动带轮可动锥轮油缸；4，9—位置传感器；
6—电液比例溢流阀；7—液压泵；8—从动带轮可动锥轮油缸；10—车载计算机

速比控制系统主要由电液比例换向阀（速比控制阀）2、主动带轮可动锥轮油缸（简称主动油缸）3、从动带轮可动锥轮油缸（简称从动油缸）8、速度传感器 1 和 5 等组成；位置反馈控制系统主要由电液比例换向阀 2、主动带轮可动锥轮油缸 3、从动带轮可动锥轮油缸 8、位置传感器 4 和 9 等组成。位置反馈控制系统和速比控制系统共用一套动力机构，系统的压力由电液比例溢流阀 6 调定，电液比例溢流阀、电液比例换向阀、速度传感器、位置传感器均受车载计算机的控制。

工作时，通过车载计算机控制电液比例溢流阀的调定压力从而控制整个油路的工作压力，并限定最高工作压力。液压泵产生的高压油一路到从动油缸提供可靠的夹紧力；另一路经电液比例换向阀至主动油缸，进行速比控制和位置控制。工作中，速度传感器 1、5 分别测定主动带轮和被动带轮的转速，将采集到的转速信号经放大、整形、滤波后送到车载计算机，经车载计算机处理后得到当前速比，与所要求的速比相比较后，反馈到车载计算机，构成速度反馈控制系统，由车载计算机发出控制命令至电液比例换向阀控制速比升降。当电液比例换向阀的电磁铁线圈通电时，若电液比例换向阀的阀芯右移，电液比例换向阀左位阀开口增大，主动油缸的回路压力升高，主动带轮可动锥轮向右移动，主动带轮副传动钢带的节圆直径增大；同时，在传动钢带的作用下，从动带轮可动锥轮也向右移动，从动带轮副传动钢带的节圆直径减小，输出轴转速提高，速比降低；反之，速比升高。接着由位置传感器 4、9 分别检测主动带轮可动锥轮和从动带轮可动锥轮的位移 $2C_p$ 和 $2C_s$，经放大、整形、滤波后输入到车载计算机，并比较二者的大小，然后将偏差信号 $2(C_p+C_s)$ 变为电信号，放大后作为反馈信号，构成位置反馈控制系统来控制电液比例换向阀，使主动油缸移动 $-2(C_p+C_s)$，以消除传动钢带的轴向跑偏[102]。

关于新型电液控制装置（系统）来消除传动钢带轴向偏移的方法将在下面的章节中进行详细的分析研究。

本章分析了 4 种消除钢带轴向偏移的方法及其效果，分别是曲母线带轮法、速比调节法、活动锥轮法和设计新型电液伺服系统来消减钢带轴向偏移的方法。曲母线带轮法采用典型曲母线带轮、Hendriks 曲母线带轮、圆弧母线带轮和复合母线带轮四种结构来消减钢带轴向偏移。

① 典型曲母线带轮、Hendriks 曲母线带轮理论上可使轴向跑偏为零，实际上，由于加工误差、金属带形变及其他复杂工况等因素的影响，轴向跑偏不为零。圆弧母线带轮和复合母线带轮也有较好的减偏效果，可基本消除钢带轴向跑偏。

② 曲母线带轮虽有较好的减偏效果，但由于锥盘母线与金属片侧边不共轭，金属片与锥盘间必然出现角接触，锥盘接触强度降低，也不能保证速比连续变化。复合母线锥盘的锥盘母线与金属带侧边共轭，能保证在变速范围内锥盘与金属片处处共轭接触，实现速比的连续变化，可完全消除金属带的轴向偏移，但加工困难，制造成本高，实际应用较少。

③ 采用无偏移速比 $i=0.55$ 或 $i=1.87$ 用以消减轴向偏差，最大的轴向偏移可减小 1/2；但由于金属带式 CVT 常用的速比范围为 $0.7\sim1.4$，若使金属带式 CVT 速比 $i=0.7$ 时钢带轴向偏差为 0，则在速比在 $0.5\sim2.5$ 范围内，最大的钢带偏移量仍为未调整时的 62%；预置轴向偏移量的方法不能从根本上解决问题，因而限制了无级变速器的变速范围，限制了金属带和变速器的承载能力。

第6章　钢带轴向跑偏电液控制系统的研究

本章设计了一种可消除传动钢带轴向跑偏的新型电液控制系统，它能对传动过程中主、从动带轮可动锥轮的位置进行实时检测，并能适时调整可动锥轮的位置。

6.1　液压控制系统设计

金属带式CVT钢带跑偏电液控制装置（系统）的结构原理如图4.9所示。与常用的金属带式CVT电液控制系统相比，在主、从动带轮可动锥轮上增加了两个位置传感器，即增加了一个位置反馈控制环节。

（1）液压泵

采用外啮合齿轮泵CB-B10型，其排量为6.8mL/r，转速为1450r/min。

作为金属带式CVT液压执行机构动力源的齿轮泵必须满足金属带式CVT正常变速控制和非常状况下的流量要求，紧急刹车和低速降挡工况对齿轮泵排量要求大，齿轮泵应满足金属带式CVT全工况下最大排量的要求。

由于外啮合齿轮泵流量脉动大、噪声大而且排量固定，按照最大排量要求设计的齿轮泵，在正常工况下排量偏大、效率较低，在后续研发的金属带式CVT变速箱中有采用内啮合摆线泵或变量双作用叶片泵来取代齿轮泵的趋势。

（2）电液比例溢流阀

电液比例溢流阀的作用是控制整个系统的工作压力，并限定最高工作压力。

本项目选用 EBG-03-C 型电液比例溢流阀。该阀采用低噪声溢流阀作主阀，直动型比例溢流阀作导阀，主要技术参数为：工作压力 0.5～16MPa，流量 3～100L/min。该阀能够根据输入电流的大小线性地调节压力。

（3）电液比例换向阀

换向阀采用力士乐公司的 4WRE6 型比例阀，其频宽 6Hz。比例电控器为北京液压技术研究所研制的 VT-005BS 型电液比例控制器，其主要技术参数为：额定空载流量 $1.08m^3/s$，最高工作压力 24MPa，额定电流 1.5A。

电液比例控制器是一个能对弱电的控制信号进行整形、运算和功率放大的电子控制装置。对它的基本要求是：能及时地产生正确有效的控制信号，能够与各种压力流量比例阀配合，完好地重现输入信号，其频宽应远大于比例阀的频宽。因此可将该控制器视为一比例环节，其传递函数为：

$$I(s) = K_M U(S)$$

式中　$I(s)$——电流；

　　　K_M——比例放大系数；

　$U(S)$——电压。

（4）位移传感器

选用 capaNCDT620/62 型电容式位移传感器。它是一种高精度单通道位移传感器，具有结构简单、灵敏度高、输出信号大等特点。主要技术指标：线性量程为 20mm；绝对误差≤±0.2% FSO（DT6220+DL6220）；分辨率 0.004% FSO（DT6220+DL6220）；频率响应为 6kHz（-3dB）；探头适用温度为-50～+200℃；温度稳定性为±0.03～±0.17mm/℃。

（5）速度传感器

采用 SZGB-02 型转速传感器。它具有结构简单、输出电平适应性强、能与计算机接口电路直接联系、无接触测量转速等特点。主要技术指标为：工作电压（直流电）为 12～24V；测量范围为 0～30000r/min；输入频率范围为 0～20kHz；输出信号 0～20V 矩形脉冲。

（6）压力传感器

采用 SPB 型压力传感器，它具有灵敏度高、精度高、抗过载能力强；传感器和放大电路高度集成；结构简单不松动，重复性好，体积小巧，易安装等特点。主要技术指标为：测量范围为 0～100MPa；精度等级为 0.25% F.S（满量程）。

6.2　电气控制系统设计

金属带式 CVT 电控系统硬件框图如图 6.1 所示。系统主要由 MC9S12DP256 单片机系统、脉冲输入捕捉电路、模拟量输入电路、I/O 量输入电路、PWM 电磁阀驱动电路、LCD 液晶模块、CAN 接口等电路组成，另外还有电源电路、通讯电路等[103]。对发动机转速、金属带式 CVT 输入和输出转速及传动带的位置即速比的测试，采用磁电式转速传感器。

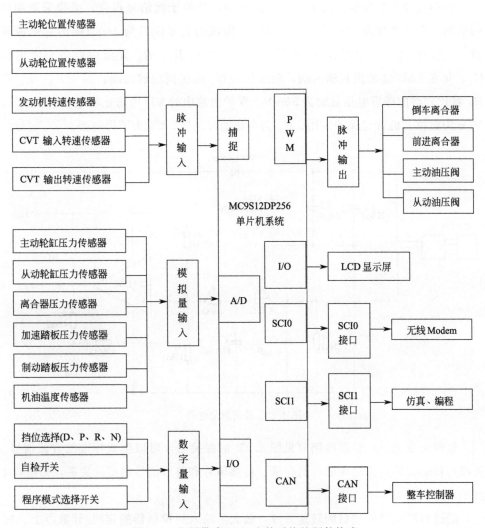

图 6.1　金属带式 CVT 电控系统的硬件构成

6.2.1 输入接口电路设计

（1）转速测量电路

发动机转速及 CVT 输入轴、输出轴转速常采用磁电式转速传感器进行测量。它由旋转的齿圈和固定的电磁感应式传感器两部分构成。当齿圈转动时，齿圈的齿顶与齿隙就交替地与传感器磁芯端部相对，传感器感应线圈周围的磁场随之发生强弱交替变化，在感应线圈中就会产生类似正弦波的交变电压，交变电压的频率与齿数和转速成正比。

在测量转速的时候，汽车工况极为复杂，外界干扰信号很强，必须采取相应的措施。图 6.2 电路中由 R_2、R_3 和 C_4 构成的上限频率为 1000Hz 的低通滤波器。比较器 LM393 单独由 Udd 供电。Udd 经过 R_4、R_5 分压后获得参考电压 U_1，加至 LM393 的反相输入端，转速信号 U_2 则接同相输入端。利用 R_8、R_9 和 R_6 将比较器的滞后电压设定为 50mV。保护电路中的 VD 可防止将电源极性接反。VD_Z 为钳位二极管起保护作用。C_2 为电源滤波电容，C_3 为消噪电容。

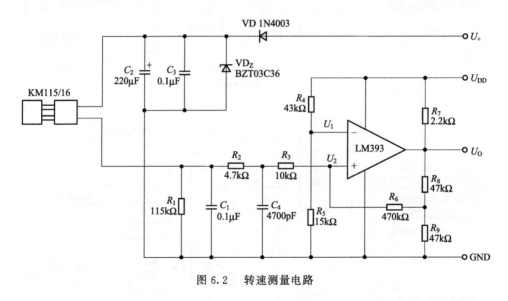

图 6.2　转速测量电路

这种交变电压经整形电路（见图 6.3）的变换后，可以生成标准的方波信号。齿圈和传感器感应头之间的相对位置、传感信号和整形信号的相互关系，如图 6.4 所示。

经过整形电路处理后的转速方波，放大后输入到控制器的定时/计数器上。控制器根据方波信号的每个上升和下降沿的发生时间来计算回转速度。有两种方法

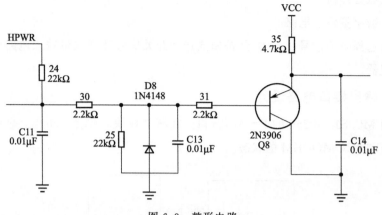

图 6.3　整形电路

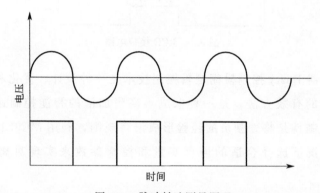

图 6.4　脉冲转速测量原理

可以测量转速：一种是周期法；另一种是频率法。两种方法各有利弊，周期法在低速时测量较准确，而频率法适合高速。

　　为克服干扰信号，采用电压比较器对传感器输出的信号进行整形。微处理器采用定时/计数接口输入这种信号。车速的计算式为：

$$V = \frac{1.2\pi n}{i_0} r \tag{6-1}$$

式中　V——车速；

　　　n——传动轴转速；

　　　i_0——速比；

　　　r——轮半径。

（2）模拟量输入电路

油压、加速踏板开度、制动踏板开度经模拟量输入电路整形放大后通过 A/D

109

转换送入微处理器。

(3) 数字量输入电路

挡位选择开关信号、动力/经济模式选择开关信号经开关量输入电路整形后送入微处理器。

6.2.2 输出接口电路设计

利用 MC9S12DP256 的 PA 和 PB 口，在液晶模块（见图 6.5）上显示各种数据、曲线和无线 MODEM 的状态。

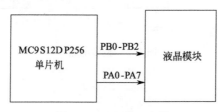

图 6.5　LCD 接口电路

湿式离合器 Fuzzy 控制模糊逻辑控制技术是一种设计、优化和相对易于实现较复杂系统的有效方法，是一种低成本高附加值的智能控制途径。湿式离合器的模糊控制就是将驾驶员的经验形成语言规则，利用 MC9S12 的 Fuzzy 功能，在实时工况下选择合适的语言变量和控制参数来实现对离合器的合理控制。

输出接口电路主要是电磁阀的驱动电路。在金属带式 CVT 电控系统中，输入信号进入微处理器后，按照控制策略处理，通过开关量输出，控制电磁阀。由于开关量的输出功率低，不能直接驱动作为执行机构的各种控制阀，因此必须经过驱动电路放大。工作原理不同的执行机构，其驱动电路也是不相同的。

硬件在环仿真系统控制器制作完成后，一般并不能直接上车使用，需要大量的调试工作。硬件在环仿真是一种有效的调试手段，如图 6.6 所示。在 PC 机上开发了一个单片机集成调试环境，包括友好的人机界面、与单片机的通信模块、控制过程的显示及系统的性能分析模块等；同时也要为单片机编写相应的串行口通信和命令服务程序。设计在线编程软件就可随时将更新的控制算法和控制参数下载到单片机的 Flash 中执行，反映控制过程及系统性能的数据亦通过串行口采集到 PC 机中进行处理。

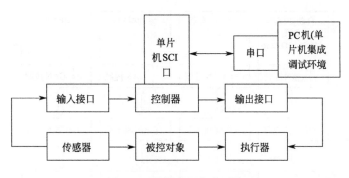

图 6.6　硬件在环仿真系统

（1）无线 Modem

无线 Modem 的最大特点是无线传输，利用无线传输，可实现软件远程升级、远程监控和故障诊断、E-车概念和整车集成控制系统，如图 6.7 所示。PTR2000 无线 Modem 的 DI 接单片机串口的发送，DO 接单片机串口的接收。用单片机的 I/O 控制模块的发射控制、频道转换和低功耗模式。如果直接接计算机串口，可以用 RTS 来控制 PTR2000 无线 Modem 的收-发状态转换（RTS 需经电平转换）。

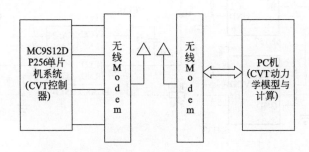

图 6.7　单片机与 PC 机通过无线 Modem 相连

（2）CAN 接口设计和在线编程

MC9S12DP256 单片机有 5 个 CAN 控制器，系统总线如图 6.8 所示。接口电路中 CAN 驱动器选用 PCA82C250，为了防止干扰，在 CPU 的 CAN 输出的两个引脚与 CAN 驱动器之间加接高速光电隔离器 6N137。

接口电路如图 6.9 所示（彩图见书后）。

（3）金属带式 CVT 电控单元的软件设计

在硬件单元确定以后，控制系统控制效果的优劣主要取决于采用的控制策略

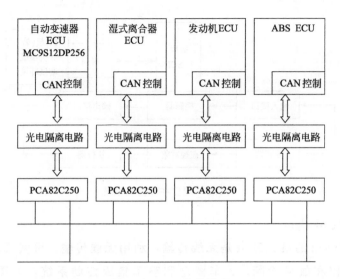

图 6.8　CAN 总线示意

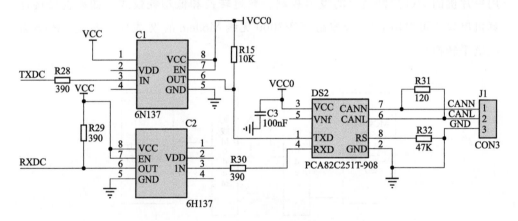

图 6.9　CAN 接口电路

和控制算法。软件主要包括初始化模块、前进或倒挡离合器控制模块、空挡控制模块、制动或驻车模块及速比控制夹紧力控制模块等几个子模块。其中，变速控制模块是最重要的组成部分，它不仅影响到汽车的起步加速性能，还影响到汽车经济性、动力性及排放性能。程序流程图该系统软件由测量、判断、显示、报警和控制组成。程序框图如图 6.10 所示[103]。

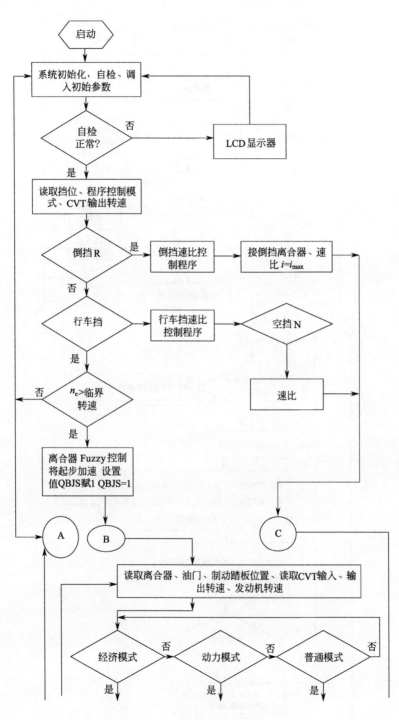

图 6.10

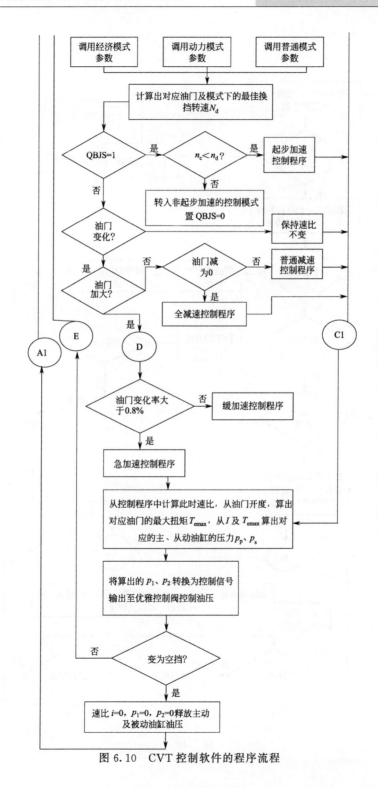

图 6.10 CVT 控制软件的程序流程

6.3 电液控制系统的控制策略

金属带式 CVT 钢带跑偏电液控制系统的控制主要包括夹紧力控制、速比控制和位置控制，以速比控制为主。

通过控制从动带轮轴向夹紧力来保证要求的转矩容量，以实现发动机动力的可靠传递。通过控制流入或流出主动带轮油缸的油量，使主动带轮在金属带的约束下沿轴向移动，由位置传感器 4、9 实时检测主动带轮可动锥轮和从动带轮可动锥轮的轴向位移，一方面与对应目标速比时主、从动带轮的位移进行比较，根据偏差信号的大小控制电液比例换向阀 2 的动作，可实现速比的控制（见图 5.9）；另一方面将主动带轮可动锥轮的轴向位移和从动带轮可动锥轮的轴向位移进行比较，并将偏差信号（$x_p + x_s$）作为反馈信号，构成位置反馈控制系统来控制电液比例换向阀 2，使主动油缸移动 －（$x_p + x_s$），来消除传动钢带的轴向跑偏。

此时，速比若达不到目标速比值，可通过设置的转速传感器 1、5 来分别检测主、从动带轮的转速，得到此时的实际速比；然后与目标速比进行比较，并将速比偏差信号反馈到车载计算机，控制电液比例换向阀的动作，最终实现整个系统的速比控制。

6.4 电液控制系统的控制算法

由于传动钢带的轴向跑偏主要体现在位置环节的控制上，也就是速比系统的控制。对速比的控制，除了采取正确的控制模型外，还要采用合理的控制算法。本章采用模糊 PID 控制。

6.4.1 模糊 PID 控制算法结构

金属带式 CVT 传动系统性能要求快速跟踪性好，稳态精度高，且金属带式 CVT 系统存在参数时变、负载扰动以及被控对象的严重非线性特性、强耦合性等。因此理想的速比控制不仅要求能满足动态、静态性能，而且还应该具有抑制各种非线性因素对系统性能的影响，具有解耦能力和强的鲁棒性。基于上述要求，采用模糊控制，因为模糊控制不需要对被控对象有精确的动力学模型，仅通过对输入输出信号的检测，就可达到对金属带式 CVT 速比的控制要求。

以目标速比与实际速比的误差 E 和误差变化率 EC 作为输入，通过一系列模糊控制进行模糊推理，在线自动调整 PID 控制参数，根据工况确定目标速比，实时检测主、从动带轮可动锥轮的轴向位移及系统的实际速比，经滤波后，与目标值比较，根据偏差以及偏差变化率得到控制器的输出，经过 PWM 信号产生器形成速比控制阀的控制信号，以控制阀的开启和关闭时间，进而控制进入或流出主动缸的流量，以调节主动带轮油缸内的压力，实现主动带轮的轴向移动，从而实现位置和速比的调节。模糊 PID 控制结构如图 6.11 所示[104-106]。

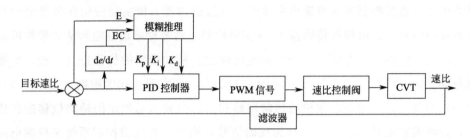

图 6.11　模糊 PID 控制结构

6.4.2　输入输出变量的模糊化

模糊控制器的输入变量误差 E 可选无级变速期望速比和实际速比的偏差，误差变化率 EC 可选其偏差的变化率，输出控制量 U（K_p、K_i、K_d）可选速比控制阀的位置变化模糊集及其论域定义如下。

E、EC、K_p、K_i、K_d 的模糊集均定义为[107]：

{NB（负大），NM（负中），NS（负小），ZE（零），PS（正小），PM（正中），PB（正大）}。

它们的离散论域均划分为 13 个等级，即：

{-6，-5，-4，-3，-2，-1，0，$+1$，$+2$，$+3$，$+4$，$+5$，$+6$}。

6.4.3　模糊控制规则的建立

应用模糊集合理论建立参数 K_p、K_i、K_d 的变化量 ΔK_p、ΔK_i、ΔK_d 与系统误差 E 和误差变化率 EC 之间的二元连续函数关系，并用模糊控制器根据不同的 E 和 EC 在线自整定 PID 参数，是该控制系统设计的核心[108-110]。通常模糊控制规则是总结实际的控制经验而得来的，但对于无级变速传动这种特定的对象，要总结人工控制经验是较为困难的，这里把常规的 PID 控制模糊化得到一组控制语句，经过离线模糊化，得出一个控制查询表，再经过实际系统的反复修改而定型。采用的一组模糊控制规则为：

R_i：IF $E_i(k)$ AND $EC_i(k)$ THEN $\Delta U_i(k)$ ($i=1$，2，3，…)，由这些规则得到模糊规则如表 6.1 所列。

表 6.1　模糊规则表

E	EC						
	NB	NM	NS	ZE	PS	PM	PB
NB	NB	NB	NB	NB	NM	NS	ZE
NM	NB	NB	NB	NM	NS	ZE	PS
NS	NB	NM	NS	NS	ZE	PS	PM
ZE	NM	NM	NS	ZE	PS	PM	PM
PS	NM	NS	ZE	PS	PM	PM	PB
PM	NS	ZE	PM	PB	PB	PB	PB
PB	ZE	PS	PM	PB	PB	PB	PB

　　对建立的模糊控制规则需要经过模糊推理才能决策出 PID 各参数变化量的模糊子集，而模糊子集是模糊量而不能直接用来整定 PID 的参数，还需要采取合理的方法将模糊量转换成精确量，这就是输出量的解模糊。采用 Mamdani 直接推理法（MAX-MIN 推理法）进行模糊推理，采用最大隶属度法解模糊，把控制量由模糊量变为精确量。

　　根据不同的 E 及 EC，计算出控制变量 U，制成模糊控制查询表，如表 6.2 所列。实时控制时，由采样时刻所获得的误差及误差变化信号，再根据它们模糊化的结果 E 和 EC 查询模糊控制查询表，得出控制量的模糊量 U，把该模糊量转化为精确量，即作为模糊控制器的输出（速比控制阀的位置变化），来控制传动系统的速比。

表 6.2　模糊控制查询表

E	EC												
	−6	−5	−4	−3	−2	−1	0	1	2	3	4	5	6
−6	6	6	6	6	6	6	6	4	4	3	1	1	0
−5	6	6	6	6	6	6	5	4	4	3	2	1	0
−4	6	6	6	6	6	6	4	4	4	3	1	1	0
−3	5	5	5	4	2	2	1	0	0	0	−1	−1	−3
−2	4	4	4	3	1	1	1	0	0	−1	−1	−3	−4
−1	4	3	3	3	2	1	1	0	0	−1	−2	−3	−4

E	EC												
	-6	-5	-4	-3	-2	-1	0	1	2	3	4	5	6
0	4	3	1	1	0	0	-1	-3	-4	-5	-6	-6	-6
1	1	1	0	-1	-1	-2	-4	-6	-6	-6	-6	-6	-6
2	1	1	0	-1	-1	-2	-4	-6	-6	-6	-6	-6	-6
3	1	0	-1	-1	-2	-2	-4	-6	-6	-6	-6	-6	-6
4	0	-1	-1	-2	-1	-2	-4	-6	-6	-6	-6	-6	-6
5	-1	-2	-3	-3	-3	-3	-5	-6	-6	-6	-6	-6	-6
6	-1	-3	-4	-4	-4	-4	-6	-6	-6	-6	-6	-6	-6

模糊控制查询表存储在知识库中，在实时控制时，将其作为全局变量，用作控制器工作时在线查询，这样就可以实现速比模糊控制。设计模糊自适应 PID 控制器使用 MATLAB 提供的 FIS 工具。

6.5 电液控制系统的模型

6.5.1 电液控制系统的数学模型

（1）系统的工作压力

从动轮油缸工作压力由夹紧力控制阀调节，即电液比例溢流阀控制，其值等于液压泵的出口压力即液压系统供油压力：

$$p_s = \frac{T_e \beta i \cos\alpha}{2\mu A_s r_s} \tag{6-2}$$

式中　T_e——发动机输入转矩；

　　　i——速比；

　　　β——转矩储备系数，一般取 1.2～1.3；

　　　α——锥轮半锥角；

　　　μ——金属带与带轮的摩擦系数，取 0.07；

　　　r_s——从动带轮的作用半径；

　　　A_s——从动带轮油缸的有效作用面积。

（2）液压系统工作流量

主、从动带轮油缸进油量或排油量 Q_p、Q_s 与速比变化的控制有关，速比的变化又是通过带轮可动锥轮的轴向位移使带轮工作半径的变化实现的。所以可以得出下面的关系：

$$Q_p = A_p x_p \tag{6-3}$$

$$Q_s = A_s x_s \tag{6-4}$$

式中　A_p——主动轮油缸的有效作用面积；

　　　x_p——主动轮可动端位移；

　　　x_s——从动轮可动端位移。

　　对于对称式结构的直母线带轮的无级变速传动，在任意速比下带轮可动端的轴向位移与带轮工作直径的关系为：

$$x_p = (d_p - d_{pmin}) \tan\alpha \tag{6-5}$$

$$x_s = (d_{smax} - d_s) \tan\alpha \tag{6-6}$$

式中　d_{pmin}——主动带轮最小工作直径；

　　　d_{smax}——从动带轮最大工作直径。

　　由此可得主、从动带轮可动端的轴向移动速度为：

$$v_p = \frac{\mathrm{d}d_p}{\mathrm{d}t} \tan\alpha = \frac{\mathrm{d}d_p}{\mathrm{d}i} \cdot \tan\alpha \cdot \frac{\mathrm{d}i}{\mathrm{d}t} \tag{6-7}$$

$$v_s = \frac{\mathrm{d}d_s}{\mathrm{d}t} \tan\alpha = \frac{\mathrm{d}d_s}{\mathrm{d}t} \cdot \tan\alpha \cdot \frac{\mathrm{d}i}{\mathrm{d}t} \tag{6-8}$$

　　可得流入、流出主动带轮油缸、从动带轮油缸的瞬时流量为：

$$Q_p = v_p A_p = A_p \frac{\mathrm{d}d_p}{\mathrm{d}i} \tan\alpha \frac{\mathrm{d}i}{\mathrm{d}t} \tag{6-9}$$

$$Q_s = v_s A_s = A_s \frac{\mathrm{d}d_s}{\mathrm{d}t} \tan\alpha \frac{\mathrm{d}i}{\mathrm{d}t} \tag{6-10}$$

　　金属带式 CVT 速比变化过程中，液压系统供油流量 Q_c 为：

$$Q_c = Q_L + Q_0 + C_s p_s \tag{6-11}$$

式中　Q_L——液压系统负载流量；

　　　Q_0——经夹紧力控制阀流回油箱的流量（溢流量）；

　　　C_s——液压系统的泄漏系数；

　　　p_s——系统供油压力。

　　当速比 i 增大时，$Q_L = Q_s + Q_0$；当速比 i 减小时，$Q_L = Q_p - Q_s + Q_0$，式中 Q_0 为润滑冷却系统流量。

$$Q_0 = C_d A_d \sqrt{\frac{2p_s}{\rho}} \tag{6-12}$$

式中　C_d——阀口流量系数；

A_d——夹紧力控制阀回油口过流面积；

ρ——油液密度；

p_s——从动带轮油缸压力。

液压系统供油流量即为发动机驱动的液压泵输出流量：

$$Q_c = \frac{qn\eta_V}{60} \tag{6-13}$$

式中　q——液压泵的排量；

n——发动机转速；

η_V——液压泵的容积效率。

（3）液压缸与负载的力平衡方程[111,112]

主动缸可动锥轮的动力方程：

$$m_p \frac{\mathrm{d}^2 x_p}{\mathrm{d}t^2} + B_p \frac{\mathrm{d}x_p}{\mathrm{d}t} + K_p x_p = p_p A_p - F_p \tag{6-14}$$

式中　m_p——主动缸活塞以及与活塞相连的负载总质量；

B_p——主动缸总的等效黏性阻尼系数；

K_p——主动缸总的等效刚度系数；

p_p——主动缸油压力；

F_p——主动缸轴向夹紧力。

被动缸可动锥轮的动力方程：

$$m_s \frac{\mathrm{d}^2 x_s}{\mathrm{d}t^2} + B_s \frac{\mathrm{d}x_s}{\mathrm{d}t} + K_s x_s = p_s A_s - F_s \tag{6-15}$$

式中　m_s——被动缸活塞以及与活塞相连的负载总质量；

B_s——被动缸活塞和负载总的等效黏性阻尼系数；

K_s——被动缸总的等效刚度系数；

p_s——被动缸油压力；

F_s——被动缸轴向夹紧力。

（4）主、从动带轮可动锥轮的轴向位移与传动钢带的轴向偏移

对于对称结构的直母线带轮的金属带式无级变速传动，由式(6-5)和式(6-6)得主、从动带轮可动锥轮的轴向位移（x_p，x_s）为：

$$x_p = (d_p - d_{p\min})\tan\alpha \tag{6-16}$$

$$x_s = (d_{s\max} - d_s)\tan\alpha \tag{6-17}$$

将速比 $i = 1$ 的位置作为带传动的初始位置，由式(6-16)、式(6-17) 可得主、

从带轮可动部分的轴向位移分别为（x_p，x_s）：

$$x_p = (d_0 - d_p)\tan\alpha \tag{6-18}$$

$$x_s = (d_s - d_0)\tan\alpha \tag{6-19}$$

式中　d_0——速比 $i=1$ 时主、从动带轮的工作直径。

为保证带传动任意速比位置时带长不变，d_0 应满足：

$$d_0 = \frac{d_p + d_s}{2} + \frac{(d_s - d_p)^2}{4\pi a} \tag{6-20}$$

由此可得主、从动带轮可动锥轮的轴向位移：

$$x_p = \frac{d_s - d_p}{2}\tan\alpha + \frac{(d_s - d_p)^2}{4\pi a}\tan\alpha \tag{6-21}$$

$$x_s = -\frac{d_s - d_p}{2}\tan\alpha + \frac{(d_s - d_p)^2}{4\pi a}\tan\alpha \tag{6-22}$$

从式(6-21)、式(6-22)可以看出，对于定轴距运行的带传动，为保证各速比位置带长不变，主、从动轮的可动部分的轴向位移量并不总是相同的，由此将引起传动带有一定的轴向偏移量：

$$C = x_p + x_s = \frac{(d_s - d_p)^2}{4\pi a}\tan\alpha \tag{6-23}$$

6.5.2　电液控制系统的仿真模型

电液控制系统位置控制仿真模型如图 6.12 所示；速比控制仿真模型如图 6.13 所示[113-116]。

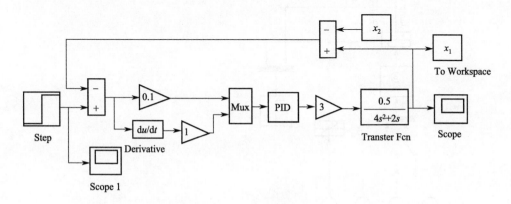

图 6.12　位置控制仿真模型

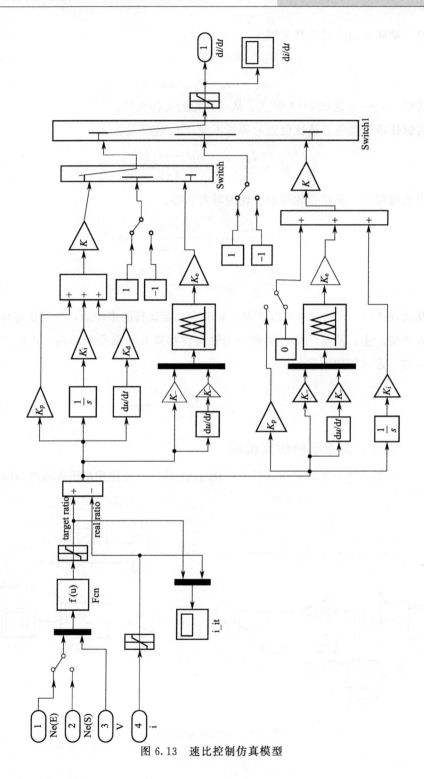

图 6.13　速比控制仿真模型

6.6　电液控制系统仿真分析

金属带式 CVT 钢带跑偏电液控制系统的仿真分析主要是对位置和速比环节进行仿真研究，最终体现在速比控制的研究上[117-119]。

6.6.1　P821 型金属带式 CVT 钢带轴向跑偏仿真

以 P821 型金属带式 CVT 为研究对象，其主要技术参数：a. 带轮中心距为 140mm；b. 主动带轮工作半径为 27.4304～65.0944mm；c. 从动带轮工作半径为 32.4170～68.6308mm；d. 带轮槽角为 22°（$\alpha = 11°$）；e. 主动带轮油缸作用面积为 0.0148m^2；f. 从动带轮油缸作用面积为 0.007735m^2；g. 速比范围为 0.498～2.502。液压系统工作压力 $p_s = 2.0$MPa。

运用 Matlab Simulink 仿真计算结果如图 6.14 所示。由图中可以看出，主、

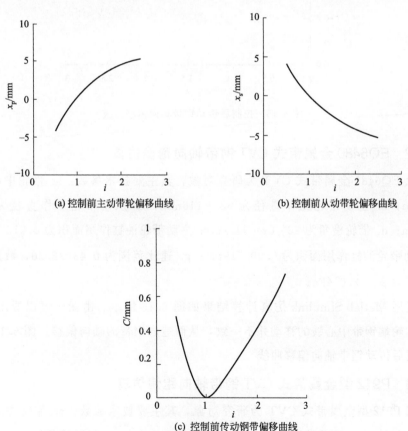

(a) 控制前主动带轮偏移曲线　　　(b) 控制前从动带轮偏移曲线

(c) 控制前传动钢带偏移曲线

图 6.14　控制前传动钢带的轴向偏移曲线

从动锥轮端钢带中心线的移动并不一致，从而造成钢带的轴向偏移。图 6.15 所示为控制后传动钢带轴向偏移曲线。

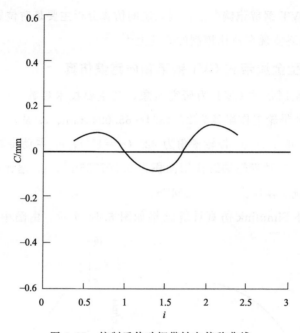

图 6.15　控制后传动钢带轴向偏移曲线

6.6.2　EQ6480 金属带式 CVT 钢带轴向跑偏仿真

以 EQ6480 金属带式 CVT 为研究对象，其主要技术参数：a. 带轮中心距为 155mm；b. 主动带轮工作直径为 $62\sim116$mm；c. 从动带轮工作直径为 $49\sim145$mm；d. 带轮槽角为 22°（$\alpha=11°$）；e. 主动带轮油缸作用面积为 0.019792m^2；f. 从动带轮油缸作用面积为 0.009719m^2；g. 速比范围为 $0.43\sim2.36$，液压系统工作压力 $p_s=2.0$MPa。

运用 Matlab Simulink 仿真计算结果如图 6.16 所示。由图中可以看出，主、从动锥轮端钢带中心线的移动并不一致，从而造成钢带的轴向偏移。图 6.17 所示为控制后传动钢带轴向偏移曲线。

6.6.3　P912 型金属带式 CVT 钢带轴向跑偏仿真

以 P912 型金属带式 CVT 为研究对象，其主要技术参数：a. 带轮中心距为 175mm；b. 主、从动带轮工作半径为 $30.5\sim72.5$mm；c. 带轮槽角为 22.4°（$\alpha=11.2°$）；d. 主动带轮油缸作用面积为 0.0158m^2；e. 从动带轮油缸作用面积为

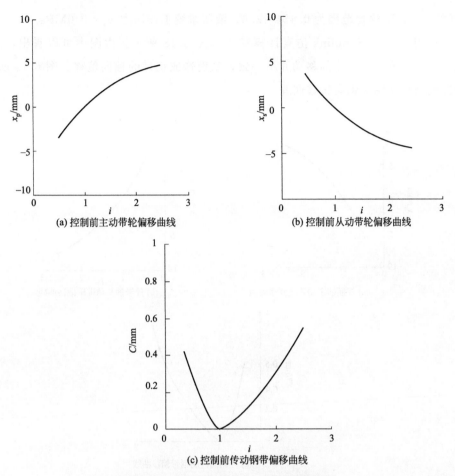

(a) 控制前主动带轮偏移曲线

(b) 控制前从动带轮偏移曲线

(c) 控制前传动钢带偏移曲线

图 6.16　控制前传动钢带的轴向偏移曲线

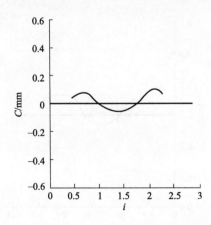

图 6.17　控制状态下传动钢带轴向偏移曲线

$0.0079m^2$；f. 速比范围为 $0.424\sim2.6$。液压系统工作压力 $p_s=2.0MPa$。

运用 Matlab Simulink 仿真计算结果如图 6.18 所示。由图中可以看出，主、从动锥轮端钢带中心线的移动并不一致，从而造成钢带的轴向偏移。图 6.19 所示为控制后传动钢带轴向偏移曲线。

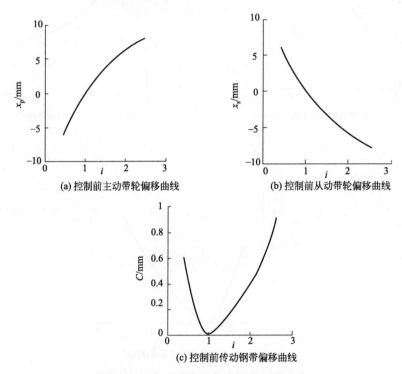

(a) 控制前主动带轮偏移曲线

(b) 控制前从动带轮偏移曲线

(c) 控制前传动钢带偏移曲线

图 6.18　控制前传动钢带的轴向偏移曲线

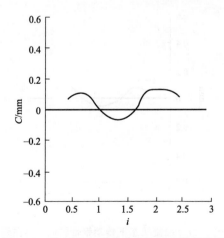

图 6.19　控制状态下传动钢带轴向偏移曲线

从图 6.14 与图 6.15、图 6.16 与图 6.17、图 6.18 与图 6.19 可以看出：

① 控制后传动钢带的轴向偏移量比控制前传动钢带的轴向偏移量显著减少；

② 变速范围 r_b 越宽的金属带式 CVT 轴向偏移量减少越明显；

③ 控制后传动钢带的轴向偏移量与金属带式 CVT 品种、大小无关，不同规格的金属带式 CVT 控制后的偏移量基本一致。

6.7　电液控制系统试验分析

以 P821 型金属带式 CVT 为试验对象，其主要技术参数：a. 带轮中心距为 140mm；b. 主动带轮工作半径为 27.4304～65.0944mm；c. 从动带轮工作半径为 32.4170～68.6308mm；d. 带轮槽角为 22°；e. 主动带轮油缸作用面积为 0.0148m^2；f. 从动带轮油缸作用面积为 0.007735m^2；g. 速比范围为 0.498～2.502。

图 6.20 是金属带式无级变速传动装置试验测试系统框图[120,121]。

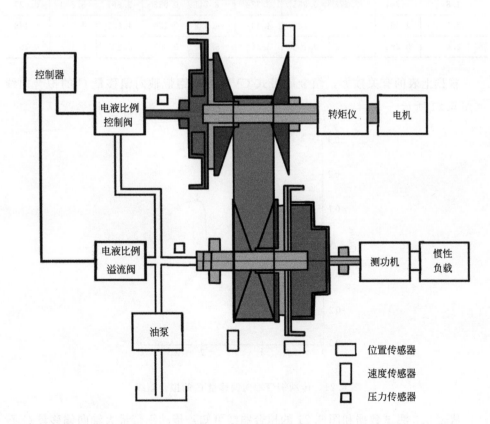

图 6.20　试验测试系统

在金属带式无级变速器速比控制的试验装置的基础上加以改进的，该系统能满足传动钢带轴向跑偏控制试验要求。

前后作了多次测试（由于多种原因，有些次数的数据不完整），有 3 次数据较完整，不同速比 i 下，主、从动带轮可动锥轮的轴向位移 x_p、x_s 及传动钢带的轴向偏移量 C 如表 6.3 所列。

表 6.3　传动钢带的轴向偏移量 C　　　　单位：mm

i	$n=1$			$n=2$			$n=3$		
	x_p	x_s	C	x_p	x_s	C	x_p	x_s	C
0.5	−4.362	4.442	0.080	−4.453	4.536	0.087	−4.313	4.392	0.079
0.8	−1.423	1.499	0.076	−1.458	1.532	0.074	−1.409	1.482	0.073
1.1	0.916	−0.954	−0.038	0.935	−0.976	−0.041	0.902	−0.938	−0.036
1.5	2.627	−2.720	−0.093	2.676	−2.778	−0.102	2.597	−2.689	−0.092
1.8	3.704	−3.673	0.031	3.774	−3.741	0.033	3.667	3.640	0.027
2.1	4.561	−4.429	0.132	4.462	−4.332	0.130	4.537	4.391	0.146
2.4	5.285	−5.182	0.103	5.344	−5.237	0.107	5.233	5.132	0.101

根据上表的有关数据，做金属带式 CVT 传动钢带轴向偏移量 C 的拟合曲线如图 6.21 所示。

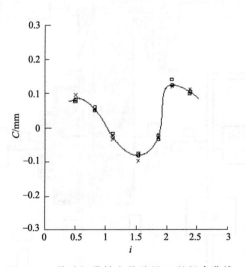

图 6.21　传动钢带轴向偏移量 C 的拟合曲线

从表 6.3 测试数据和图 6.21 的拟合曲线可知：传动钢带最大轴向偏移量 C 不超过 0.150mm，是控制前的传动钢带最大轴向偏移量（接近 0.68mm）的 1/4，大大减少了传动钢带的轴向偏移。

图 6.21 试验结果与图 6.15 所示的仿真曲线基本吻合，说明设计的电液控制系统与系统模型建立基本正确，控制策略与控制算法得当。

仿真与试验结果均表明新型金属带式 CVT 传动钢带轴向跑偏电液控制系统能够显著地消除传动钢带的轴向跑偏，改善了金属带式无级变速器的传动性能，并减少传动钢带的磨损，延长钢带的使用寿命。

本章设计了消除传动钢带轴向跑偏的液压控制系统和电气控制系统；研究了电液控制系统的控制策略和模糊控制算法；建立了电液控制系统的数学模型和仿真模型；并对电液控制系统的性能进行了仿真和试验研究；研究结果表明所设计的电液控制系统能对钢带传动过程中主、从动带轮可动锥轮的位置进行实时检测，并能适时调整可动锥轮的位置。所做的主要工作及结论如下。

① 设计了一种能消除传动钢带轴向跑偏的控制方法及其电液控制系统，采用位置控制的方法，对传动过程中主、从动带轮可动锥轮的位置进行实时检测，并适时调整可动锥轮的位置，达到消除传动钢带的轴向跑偏。

② 研究了金属带式 CVT 钢带轴向偏移的控制策略和控制算法，建立了电液控制系统的数学模型和速比控制仿真模型，并对其进行了仿真计算分析和试验研究。选用了金属带式 CVT 新型电液控制系统的主要部件及其参数，并选用 Motorola 的 MC9S12DP256 单片机系统对变速器控制器 ECU 进行了重新设计。

③ 试验结果与仿真曲线基本吻合，表明设计的电液控制系统与系统模型建立基本正确，控制策略与控制算法得当。结果表明新型金属带式 CVT 传动钢带轴向跑偏电液控制系统能够显著地消除传动钢带的轴向跑偏，改善了金属带式无级变速器的传动性能，并减少传动钢带的磨损，延长钢带的使用寿命。

第7章 总结与展望

7.1 研究工作总结

金属带式无级变速器是一种新颖的有挠性中间体的机械摩擦式变速器，它具有结构简单、承载能力强、变速范围大、体积小、效率高、噪声低、节能环保等特点，已广泛应用于车辆和机械传动系统中。由于金属带式 CVT 的特定变速方式决定了在直母线锥盘条件下，变速过程中金属带必然产生轴向偏移。金属钢带的轴向偏移会导致钢带与带轮的相互滑移和附加磨损，消耗额外能量，这将直接影响金属带式 CVT 的传动性能和传动效率，在偏移量过大时将使金属带、带轮严重磨损，导致金属带式 CVT 不能正常工作，因此必须予以消除。

本书基于金属带式无级变速器的特殊结构和传动方式，分析金属钢带产生轴向跑偏的原因和影响，揭示金属钢带轴向跑偏的规律，研究消除金属钢带轴向跑偏的几种方法和措施，设计消除金属钢带轴向偏移的新型电液控制系统，实现对金属钢带轴向跑偏的实时控制，消除金属钢带的轴向跑偏。现将主要的研究工作和结论总结如下。

① 金属带主要依靠金属片之间的推力作用来传递扭矩，在力的作用下主、从动带轮的可动锥轮可沿轴向移动，改变带轮的工作半径，实现速比变化，由于工作半径变化是连续的，因此速比变化也是连续的。金属带传动的实质是通过控制主、被动带轮的可动锥轮的轴向移动，来改变金属带的有效半径，从而得到连续的速比。

② 金属带传动过程中，金属片和带轮之间、金属片与金属环之间都存在着复杂的力的相互作用。金属带的转矩传递是由金属块之间的挤推力和金属环的张力共同作用的结果。随着速比改变，从动带轮所受轴向力首先发生变化，在金属带的约束下主动带轮上所受的轴向力才开始发生变化，使得主、从动带轮可动锥轮的受力变化有先后，同时由于金属带金属块之间的挤推力和金属环的张力大小分布不一致，作用在从动带轮可动锥轮的力与作用在主动带轮可动锥轮的力大小不同，使主、从动带轮可动锥轮轴向移动距离不同，带就会发生轴向偏移。传动过程中经常存在着金属带与带轮打滑，金属环和金属块之间也存在着滑动，这些因素也会导致金属带产生轴向偏移；相反地，由于金属带的轴向跑偏，使作用于金属带的带轮油缸夹紧力减小，造成金属片与带轮之间的摩擦力减小，加剧金属带在带轮上打滑，增大了滑差率，降低了传动效率。而且金属带轴向偏移会加剧金属带与带轮的磨损，降低金属片和刚带环的强度，进一步降低了金属带-带轮系统的传动效率，缩短了使用寿命。

③ 金属带的运动也非常复杂，既有纵向旋转运动、轴向平移，还有金属带的轴向偏移、带与带轮纵向打滑、金属环与金属块相对滑动等。当速比 $i>1$ 时，金属带在主动带轮上发生相对滑动，金属块的速度比金属环的速度快，金属环所受摩擦力的方向与金属带的运动方向相同，而在从动带轮上金属环所受摩擦力的方向与金属带的运动方向相反，所以金属环被拉伸。此时，在从动带轮上的金属环的张力从入口到出口逐步增加，这样金属环的张力便在带轮出口处和入口处产生了张力差，该张力差有助于扭矩的传递。速比 i 越大，金属带的轴向偏移越大。当速比 $i<1$ 时，从动带轮（直径小于主动带轮直径）上发生相对滑动。在从动带轮的包角上金属环的张力在入口侧比出口侧大。因此，在主动带轮上金属环的入口张力比出口张力小，与速比 $i>1$ 时相反，速比 i 越小，金属带的轴向偏移越大。

④ 金属带式 CVT 在满足速比范围的前提下，带长一定，增加带轮中心距可使偏移量减小；增大带轮最小工作半径，金属带偏移量增大；增大变速范围，金属带偏移量增大得更多。在结构参数一定的情况下，速比在最大和最小时金属带在带轮上的偏移值最大。带轮楔角越大，金属带的轴向偏移量就越大，带轮轴向尺寸也越大，所以带轮的楔角不宜过大。

⑤ 由于带轮变形会改变两半轮间的带轮夹角，带轮的夹角会影响此垂直距离，所以带轮的变形导致金属带轴向偏移值的改变。带轮变形后，夹角变大导致

金属带轴向偏移增大。当速比较大时，从动带轮的变形和由变形引起的带轮偏斜角度的增大，偏移量增加；当速比较小时，主动带轮的变形和带轮偏斜角度的增加导致偏移量增加，使金属片与带轮间磨损严重，容易使局部金属片断裂或金属带环的断裂。

⑥ 典型曲母线带轮、Hendriks 曲母线带轮理论上可使轴向跑偏为零，实际上，由于加工误差、金属带形变及其他复杂工况等因素的影响，轴向跑偏不为零。圆弧母线带轮和复合母线带轮也有较好的减偏效果，可基本消除钢带轴向跑偏。曲母线带轮虽有较好的减偏效果，但由于锥盘母线与金属片侧边不共轭，金属片与锥盘间必然出现角接触，锥盘接触强度降低，也不能保证速比连续变化。复合母线锥盘的锥盘母线与金属带侧边共轭，能保证在变速范围内锥盘与金属片处处共轭接触，实现速比的连续变化，可完全消除金属带的轴向偏移，但加工困难，制造成本高，实际应用较少。

⑦ 采用无偏移速比 $i=0.55$ 或 $i=1.87$ 以消减轴向偏差，最大的轴向偏移可减小 50%；但由于金属带式 CVT 常用的速比范围为 $0.7\sim1.4$，若使金属带式 CVT 速比 $i=0.7$ 时钢带轴向偏差为 0，则在速比为 $0.5\sim2.5$ 范围内，最大的钢带偏移量仍为未调整时的 62%；预置轴向偏移量的方法不能从根本上解决问题，因而限制了无级变速器的变速范围，限制了金属带和变速器的承载能力。

⑧ 设计了一种能消除传动钢带轴向跑偏的控制方法及其电液控制装置；采用位置控制的方法，对传动过程中主、从动带轮可动锥轮的位置进行实时检测，并适时调整可动锥轮的位置，从而达到消除传动钢带的轴向跑偏。仿真与试验结果均表明新型金属带式 CVT 传动钢带轴向跑偏电液控制系统能够显著地消除传动钢带的轴向跑偏，改善了金属带式 CVT 的传动性能，并减少传动钢带的磨损，延长钢带的使用寿命。

7.2 研究工作展望

下一步重点开展的研究工作如下。

① 在综合控制算法方面，对金属带式 CVT 的速比控制、夹紧力控制及传动钢带轴向跑偏控制，开展模糊神经网络控制、智能混合控制等智能控制算法的研究，提高金属带式 CVT 综合控制系统的性能。

② 所设计的电液控制系统在理论与实验室环境检测下证明可解决传动钢带轴向跑偏的问题。但是金属带式无级变速器的实际工况极为复杂，所设计的金属钢

带轴向偏移的电液控制系统能否满足要求，需要装车后进行长期的大量实车试验，并根据试验结果不断进行改进。

③ 对电液控制系统的结构和技术性能参数进一步优化设计，研发具有自主知识产权的金属带式 CVT 传动钢带轴向跑偏的电液控制系统，及其在实际车辆运行中的推广普及应用，并实现产业化生产。实时消除传动钢带的轴向跑偏，改善金属带式 CVT 的传动性能，大大减少传动钢带的磨损和摩擦功率损失，延长钢带的使用寿命，提高金属带式 CVT 的传动效率。

附录

附录1 无级变速器（CVT）性能要求及试验方法 (QC/T 1076—2017)

1 范围

本标准规定了 M_1 类车辆用无级变速器（CVT）性能要求及试验方法。

本标准适用于装备了 CVT 的 M_1 类车辆，装备了 CVT 的 N_1 类车辆及 3500kg 以下的 M_2 类车辆可参照执行。

2 规范性引用文件

下列文件对于本标准的应用是必不可少的。凡是注日期的引用文件，仅注日期的版本适用于本标准。凡是不注日期的引用文件，其最新版本（包括所有的修改单）适用于本标准。

GB 15089　机动车辆及挂车　分类

GB 18352.5—2013　轻型汽车污染物排放限值及测量方法（中国第五阶段）

GB 19233　轻型汽车燃料消耗量试验方法

QC/T 465　汽车机械式变速器分类的术语及定义

ECE R10 Rev.3　关于车辆电磁兼容性认证的统一规定

ISO 11451-2　道路车辆　窄带辐射的电磁能量的电磁干扰车辆试验方法　第2部分：车外辐射源

ISO 11452-4　道路车辆　窄带辐射的电磁能量的电磁干扰车辆试验方法　第

4 部分：大电流注入（BCI）

3 术语和定义

QC/T 465、GB 15089 界定的及下列术语和定义适用于本标准。

3.1

变速比 gear ratio

变速器输入轴转速与输出轴转速的比值。

3.2

无级变速器 CVT continuously variable transmission

可以连续地改变变速比的变速器。

3.3

最小变速比 smallest transmission ratio

变速比数值最小。

3.4

最大变速比 largest transmission ratio

变速比数值最大。

3.5

变速比变化幅度 gear ratio spread

最大变速比与最小变速比的比值。

3.6

无级变速部 continuously variable mechanism variator

无级变速器内执行无级变速功能的机构总成。

3.7

无级变速部的变速比 gear ratio of continuously variable department variator ratio

无级变速部输入端与输出端转速的比值。

3.8

中间速比 middle ratio

无级变速部的变速比等于 1 时的变速比。

3.9

扭矩容量 torque capacity

变速器能够有效传递的最大输入扭矩。

3.10

传递效率 transmission efficiency

变速器输出功率与输入功率的比值。

3.11

起步装置　starting device

连接在发动机与变速器之间，将发动机转矩传递至变速器的装置，如液力变矩器、摩擦式离合器等。

3.12

锁止　lock up

起步装置的输入与输出转速差为 0 的连接状态。

3.13

最低燃料消耗率曲线　optimal fuel consumption curve

发动机不同工况下，连接有效燃料消耗率最低值的曲线。

4　试验要求与性能要求

4.1　试验要求

4.1.1　试验条件。

4.1.1.1　环境。

试验期间，试验室内温度应为 288～308K（15～35℃），相对湿度应为 20%～60%，海拔不超过 1000m。

4.1.1.2　变速器油。

可使用变速器制造商指定的变速器油，并允许按照制造商指定方式进行油量调节。

4.1.1.3　台架试验磨合。

在进行实际变速比及变速比变化幅度、传递扭矩容量、稳态效率的测量试验前，应对试验样品按下列规范进行磨合：

　　a)　驱动电机的转速设定为 1000～2000r/min，扭矩设定为额定扭矩的 50%。

　　b)　在最大变速比、最小变速比、中间变速比状态下各磨合 1h。

4.1.1.4　台架试验暖机。

进行台架试验前，试验样品须进行过暖机运转至同时满足下列条件要求时为止：

　　a)　变速器油温度达到 80℃±5℃；

　　b)　电机的转速、扭矩数值处于稳定状态。

4.1.1.5　整车试验磨合及暖机。

整车试验的磨合及暖机应按照 GB 18352.5—2013 附录 C 的规定进行。

4.1.2 试验设备。

4.1.2.1 台架试验设备精度。

4.1.2.1.1 电机转速测量装置误差：不超过±5r/min。

4.1.2.1.2 电机扭矩测量装置误差：±2N·m 以内与最大测量扭矩的±0.5％以内的两者中取较严格值。

4.1.2.1.3 油温控制装置控制精度为±5℃，测量精度误差不超过±0.2℃。

4.1.2.2 整车试验设备精度。

整车试验设备精度应满足 GB 18352.5—2013 附录 C 的要求。

4.1.2.3 试验设备和夹具的损失。

进行传递扭矩容量及稳态效率的测量试验前，应按如下要求测量台架和夹具损失：

    a)   在驱动电机上安装驱动轴等夹具设备，在吸收电机侧安装法兰盘等夹具。驱动电机设置到 1000r/min，负载电机设置到 500r/min，暖机运行不少于 30min。

    b)   驱动电机转速设置到 1000r/min，并按 1000r/min 的增量提高驱动电机的转速至 6000r/min。

    c)   负载电机转速设置到 200r/min，并按 200r/min 的增量提高负载电机的转速（最高不超过 120km/h 车速对应的转速）。

    d)   扭矩数据稳定后，测量实际试验所需转速下输入轴和输出轴扭矩的扭矩值，并按表 1 规定的格式填写相应的数据。

表 1　试验设备和夹具损失记录

输入转速	设备输入端损失 T_{din} /(N·m)	输出转速	设备输出右端损失 T_{dor} /(N·m)	设备输出左端损失 T_{dol} /(N·m)
1000r/min		200r/min		
2000r/min		400r/min		
3000r/min		600r/min		
…	…	…	…	…

4.2　性能要求

4.2.1　变速比及变速比变化幅度。

按照 5.1 条规定的试验方法对试验样品的变速比及变速比变化幅度进行测量，

测量结果应在制造商设计允许的范围内。

4.2.2　扭矩容量。

按照 5.2 条规定的试验方法对试验样品的扭矩容量进行测量，在滑转率不超过 5% 情况下，测量结果应在制造商设计允许的范围内。

4.2.3　发动机最佳燃油经济性跟踪性能。

应按照 5.3 条规定的试验方法对试验样品的发动机最佳燃油经济性跟踪性能进行测量，最优燃料消耗率偏移量试验结果 s^2 不应超过 0.35。

4.2.4　锁止比。

应按照 5.4 条规定的试验方法对试验样品的锁止比进行测量，在非怠速工况下测得的锁止比不应低于 0.65。

4.2.5　传递效率。

应按照 5.5 条规定的试验方法对试验样品的传递效率进行测量，在所有工况条件下传递效率不应低于 0.6。

4.2.6　噪声。

应按照 5.6 条规定的试验方法对试验样品的噪声特性进行测量，驱动电机转速在 1000r/min 时，测量结果不应超过 80dB(A)，驱动电机转速 6000r/min 时，测量结果不应超过 100dB(A)（中间转速采用线性插值的方法确定噪声要求）。

4.2.7　电磁兼容。

4.2.7.1　窄带电磁辐射限值。

按 ECE R10 Rev.3《关于车辆电磁兼容性认证的统一规定》窄带电磁辐射发射限值，见表 2。

表 2　窄带电磁辐射发射限值

f/MHz	30~75	75~400	400~1000
E/(dBμV/m)	$52-25.13\lg(f/30)$	$42+15.13\lg(f/75)$	53

注：在 30~75MHz 频率范围内，限值随频率的对数呈线性减小；在 75~400MHz 频率范围内，限值随频率的对数呈线性增加。

4.2.7.2　电磁辐射抗扰要求。

按 ECE R10 Rev.3《关于车辆电磁兼容性认证的统一规定》的 6.4 条要求，在 20~2000MHz 频率范围内，在 30V/m 的电磁波干扰下，CVT 应保持正常工作。按 5.7.1.2 进行试验，当施加电磁干扰信号时，车速波动不应超过 ±10% 且 CVT 报警灯不点亮。

5 试验方法

5.1 变速比及变速比变化幅度

5.1.1 试验准备。

5.1.1.1 CVT 安装。

5.1.1.1.1 变速器安装状态与车辆正常行驶时一致。

5.1.1.1.2 试验台架的输出轴应与 CVT 的连接轴同轴。

5.1.1.1.3 CVT 油冷器、配管应与车辆正常行驶时一致，硬管不能弯折。

5.1.1.1.4 连接处应有效密封，不得漏油。

5.1.1.2 磨合。

应按照 4.1.3 条的要求对测试设备及样品进行磨合。

5.1.2 试验程序。

5.1.2.1 将驱动电机设定为转速控制模式。

5.1.2.2 将负载电机设定为无负荷状态。

5.1.2.3 将 CVT 设定在 D 档位置。

5.1.2.4 设定起步装置为锁止状态。

5.1.2.5 提高驱动电机转速，使变速器能获得维持正常工作的最低油压。

5.1.2.6 调节 CVT 控制器，使变速器分别达到最大变速比或最小变速比时的油压设计值并稳定工作。

5.1.2.7 测量不同变速比下驱动电机转速 N_1，及负载电机的 N_2，N_3，测量时间不少于 10s，采样间隔不超过 10ms。

5.1.2.8 重复 5.1.2.3～5.1.2.7 步骤进行 3 次试验。

5.1.3 试验结果处理。

5.1.3.1 按照下式计算变速比：

$$I = \frac{1}{3} \times \sum_{i=1}^{3} \frac{2 \times N_{1i}}{N_{2i} + N_{3i}}$$

式中　I——变速比；

　　N_{1i}——第 i 次试验驱动电机平均转速；

　　N_{2i}——第 i 次试验左侧吸收电机平均转速；

　　N_{3i}——第 i 次试验右侧吸收电机平均转速。

5.1.3.2 按照下式计算变速比变化幅度：

$$R = \frac{I_h}{I_1}$$

式中　R——变速比变化幅度；

　　　I_h——最大变速比；

　　　I_l——最小变速比。

5.2　扭矩容量

5.2.1　试验准备。

应按照 5.1.1 条的要求进行试验前准备。

5.2.2　试验程序。

5.2.2.1　将驱动电机设定为转速控制模式。

5.2.2.2　将负载电机设定为扭矩控制模式。

5.2.2.3　将 CVT 设定在 D 档位置。

5.2.2.4　设定起步装置为锁止状态。

5.2.2.5　提高驱动电机转速，使变速器能获得维持正常工作的最低油压。

5.2.2.6　调节 CVT 控制器，使变速器分别达到最大变速比、最小变速比时的设计油压进行试验。

5.2.2.7　在最大变速比、最小变速比和中间速比条件下，以 10N·m 为增量逐渐增加输入扭矩至厂家规定的额定值，并保持扭矩稳定不少于 10s。

5.2.3　试验结果处理。

试验过程中，变速器负载电机理论转速与实际转速差不应超过 5%，此时的输入扭矩则为传递扭矩容量。

应按下式校正：

$$T_c = T_{in} - T_{din}$$

式中　T_c——传递扭矩容量；

　　　T_{in}——输入扭矩；

　　　T_{din}——设备输入端损失扭矩。

5.3　发动机最佳燃油经济性跟踪性能

5.3.1　试验准备。

应按照 4.1.5 的要求进行试验前准备。

5.3.2　试验循环。

试验循环如 GB 18352.5—2013 附录 C 的附件 CA 所述，包括 1 部（市区行驶）和 2 部（市郊行驶）两部分。如果车辆不能达到试验循环要求的加速和最大车速值，则应将加速踏板踏到底，直至回到要求的运行曲线。偏离试验循环的情况应在试验报告中记载。

5.3.3 测功机设定。

应按 GB 18352.5—2013 附录 C 的规定，进行测功机的载荷和惯量的设定。

5.3.4 试验程序。

5.3.4.1 获得发动机最优燃料消耗率曲线图谱。

5.3.4.2 按照 GB 18352.5—2013 的附录 C 的规定运行试验。

5.3.4.3 测量发动机转速、扭矩。

5.3.4.4 数据采集频率为 1 Hz。

5.3.5 试验结果处理。

应去除采集到数据中减速、怠速工况中的数据点，并按下式计算：

$$s^2 = \frac{1}{n} \sum_{i=1}^{n} \left(\frac{T_{\text{target}_i} - T_i}{T_{\text{target}_i}} \right)^2$$

式中 s^2——最优燃料消耗率偏移量；

$\quad T_{\text{target}_i}$——最优燃料经济性扭矩；

$\quad\quad T_i$——发动机实际扭矩。

5.4 锁止比

5.4.1 试验准备。

应按照 5.3.1 的要求进行试验前准备。

5.4.2 试验循环。

应按照 5.3.2 的要求进行。

5.4.3 测功机设定。

应按照 5.3.3 的要求进行。

5.4.4 试验程序。

5.4.4.1 按照 GB 18352.5—2013 的附录 C 的规定运行试验。

5.4.4.2 测量锁止时间，即发动机转速与 CVT 输入轴转速差绝对值不超过 50 r/min 的状态的累计时间。

5.4.5 试验结果处理。

应按下式计算液力变矩器锁止比：

$$L = \frac{t_{\text{lock}}}{t}$$

式中 L——锁止比；

t_{lock}——锁止时长；

t——试验持续总时长（不包括怠速时间）。

5.5 传递效率

5.5.1 试验准备。

应按照 5.1.1 条的要求进行试验前准备。

5.5.2 试验程序。

5.5.2.1 将驱动电机设定为转速控制模式。

5.5.2.2 将负载电机设定为扭矩控制模式。

5.5.2.3 将 CVT 设定在 D 档位置。

5.5.2.4 设定起步装置为锁止状态。

5.5.2.5 驱动电机转速设定为 1000r/min。

5.5.2.6 调节 CVT 控制器，使变速器达到最大变速比时的油压设计值并稳定工作。

5.5.2.7 将驱动电机的扭矩分别调整至额定扭矩负荷的 25%、50%、75%，测量负载电机的扭矩；数值保持稳定后，测量时间不少于 10s。

5.5.2.8 按 1000r/min 的增量提高驱动电机的转速（最高不超过 120km/h 车速对应的转速），保持变速比与驱动电机扭矩不变，测量负载电机的转速与扭矩。

5.5.2.9 按表 3 的要求增加驱动电机扭矩，重复试验程序 5.5.2.8。

5.5.2.10 调节 CVT 控制器，使变速器达到中间速比时的油压设计值并稳定工作，重复试验程序 5.2.2.7～5.2.2.9。

5.5.2.11 调节 CVT 控制器，使变速器达到最低变速比时的油压设计值并稳定工作，重复试验程序 5.2.2.7～5.2.2.9。

5.5.2.12 按照表 3 所示记录数据：

表 3 变速器传递效率测量数据记录

变速比	额定输入扭矩负荷比例	输入转速	设备损耗			测量值					
			T_{din} /(N·m)	T_{dor} /(N·m)	T_{dol} /(N·m)	N_i /(r/min)	N_{or} /(r/min)	N_{ol} /(r/min)	T_i /(N·m)	T_{or} /(N·m)	T_{ol} /(N·m)
最大变速比	25%	1000									
		2000									
		...									
		6000									

续表

变速比	额定输入扭矩负荷比例	输入转速	设备损耗			测量值					
			T_{din}/(N·m)	T_{dor}/(N·m)	T_{dol}/(N·m)	N_i/(r/min)	N_{or}/(r/min)	N_{ol}/(r/min)	T_i/(N·m)	T_{or}/(N·m)	T_{ol}/(N·m)
最大变速比	50%	1000									
		2000									
		…									
		6000									
	75%	…									
中间变速比	25%	1000									
	…	…									
最低变速比	25%	1000									
	…	…									

注：1. 最低输入扭矩不应低于 40N·m。

2. 试验需重复 3 次，可复制该表填写。

5.5.3 试验结果处理。

应依据被测变速器输出配置，按下式计算变速器效率，如果被测变速器缺少下式中的变速器输出项，则此项在计算中视为零：

$$\eta = \frac{T_{ors}N_{or} + T_{ols}N_{ol} + T_{ods}N_{od}}{T_{is}N_i} \times 100\%$$

式中　T_{ors}——变速器右半轴有效输出扭矩；

　　　N_{or}——变速器右半轴输出转速；

　　　T_{ols}——变速器左半轴有效输出扭矩；

　　　N_{ol}——变速器左半轴输出转速；

　　　T_{ods}——变速器驱动轴有效输出扭矩；

　　　N_{od}——变速器驱动轴输出转速；

　　　T_{is}——变速器有效输入扭矩；

　　　N_i——变速器输入转速。

　　其中：

$$T_{ors} = T_{or} + T_{dor}$$

式中　T_{or}——右侧输出扭矩；

　　　T_{dor}——右输出端损失扭矩。

$$T_{ols}=T_{ol}+T_{dol}$$

式中　T_{ol}——左侧输出扭矩；

　　　T_{dol}——左输出端损失扭矩。

$$T_{ods}=T_{od}+T_{dod}$$

式中　T_{od}——驱动轴输出扭矩；

　　　T_{dod}——驱动轴输出端损失扭矩。

$$T_{is}=T_i-T_{di}$$

式中　T_i——输入扭矩；

　　　T_{di}——输入端设备损失扭矩。

5.6　噪声

5.6.1　试验设备。

5.6.1.1　动力传动系统试验台架。

5.6.1.2　转速、扭矩、温度测量设备。

5.6.1.3　校准器、传声器和风球。

5.6.1.4　噪声数据采集处理系统。

5.6.2　试验要求。

5.6.2.1　试验应在半消声室内进行，背景噪声低于 25dB(A)；最终测量结果与本底噪声的差值不小于 10dB(A)。

5.6.2.2　CVT 在台架上的安装状态与其在整车上的安装状态一致，CVT 输入轴的轴心线距离地面的高度不小于 400mm。

5.6.2.3　CVT 输出轴应使用原车的驱动轴和轮毂（如有）。

5.6.2.4　试验台架油冷单元的冷却能力与原车等效，且保证 CVT 正常运转。

5.6.2.5　噪声测量过程中，不能使用风机，CVT 润滑油温度保持在 (80±5)℃，个别极限工况可放宽温度限值，但不应高于 100℃。

5.6.2.6　磨合规范按 4.1.3 规定进行。

5.6.2.7　噪声测量的频率范围在 200～8000Hz。

5.6.2.8　传声器安装位置在 CVT 中心点上、左、右、前四个位置，传声器与 CVT 的外壳包络面（对应传声器安装侧）距离为 1m。针对不同布置形式的 CVT，当试验台架与某个测点位置干涉时可取消该测点，但最多可取消一个测点。

5.6.3　试验程序。

5.6.3.1 关闭试验台架所有设备，测量试验室背景噪声。

5.6.3.2 被测变速器在台架上安装之前，测量试验台架的本底噪声，按规定布置传声器，试验台架按规定各工况转速运转，各传声器测得的噪声即为本底噪声。

5.6.3.3 CVT 档位控制在 D 档位置，起步装置处于锁止状态。

5.6.3.4 按规定布置传声器，并用校准器校准。

5.6.3.5 待油温达到要求时，开始进行测试。

5.6.3.6 试验工况：将 CVT 设定为低、中、高三个挡位，输入扭矩分别为额定输入扭矩的 20%、50%，在各挡位的各扭矩工况下，输入轴转速分别以 200r/min 从最低稳定转速升至最高稳定转速（对应车速不应超过 120km/h）。

5.6.3.7 测量并记录上述各组合工况的输入转速、输出转速、输入扭矩、输出扭矩、润滑油温度、各传声器时域信号，各工况记录 3 组有效数据。

5.6.4 试验数据处理。

读取各工况下输入轴转速分别为 1000r/min、2000r/min 和 6000r/min 时的各测点所测的噪声值。每个测点先取同一工况下三组测试的 A 计权声压级平均值，然后将四个测点的声压级进行平均后得到噪声值作为评价指标（取消一个测点时为三个测点的声压级进行平均）。平均声压级计算公式如下：

$$L_{pA} = 10 \times \lg \left(\frac{\sum_{i=4} 10^{\frac{L_{pi}}{10}}}{4} \right)$$

式中　L_{pA}——A 计权平均声压级；

L_{pi}——上、左、右、前 4 个测点的声压级。

当取消一个测点时，上式变更为：

$$L_{pA} = 10 \times \lg \left(\frac{\sum_{i=3} 10^{\frac{L_{pi}}{10}}}{3} \right)$$

5.7 电磁兼容

5.7.1 窄带电磁辐射试验。

按 ECE R10 Rev. 3《关于车辆电磁兼容性认证的统一规定》的附件 8 的规定进行窄带电磁辐射试验。试验对象为 CVT 的 TCU，在通电状态下进行测试。

若需要对 CVT 总成中其他电器部件进行试验，可参照 ECE R10 Rev. 3《关于车辆电磁兼容性认证的统一规定》。

5.7.2 电磁辐射抗扰试验。

按 ECE R10 Rev.3《关于车辆电磁兼容性认证的统一规定》附件 6 的规定进行试验：

a) 按 ISO 11451-2《道路车辆　窄带辐射的电磁能量的电磁干扰车辆试验方法　第 2 部分：车外辐射源》的规定，用"替代法"建立试验场强。

b) 将车速稳定在 50km/h±2km/h，连接监控装置，记录 CVT 正常工作的 I/O 信号。

c) 在 CW 和 AM/PM 调制信号下施加干扰，分别进行电磁辐射抗扰性试验，实时监控 CVT 的工作状态。

若因条件所限无法采用车外辐射源法进行试验，可以按 ISO 11452-4《道路车辆　窄带辐射的电磁能量的电磁干扰车辆试验方法　第 4 部分：大电流注入》规定的方法进行试验，试验等级 60mA。

附录 2　汽车双离合器自动变速器总成技术要求和试验方法（QC/T 1056—2017）

1　范围

本标准规定了乘用车用双离合器自动变速器总成的技术要求、台架试验方法。

本标准适用于乘用车用液压驱动式双离合器自动变速器总成（以下简称"变速器"）。

2　规范性引用文件

下列文件对于本标准的应用是必不可少的。凡是注日期的引用文件，仅所注日期的版本适用于本标准。凡是不注日期的引用文件，其最新版本（包括所有的修改单）适用于本标准。

GB/T 6882—2008　声学　声压法测定噪声源声功率级和声能量级　消声室和半消声室精密法

GB/T 14039—2002　液压传动　油液　固体颗粒污染等级代号

GB/T 30512—2014　汽车禁用物质要求

3　术语和定义

下列术语和定义适用于本标准。

3.1

拖曳扭矩 drag torque

变速器维持匀速运转所需要克服的最小阻力矩。

3.2

双离合器自动变速器 dual clutch transmission

通过对双离合器的控制，实现在不中断动力的情况下转换传动比的自动变速器。

3.3

双离合器 dual clutch

具有一个主动部分、两个从动部分的离合器，也叫双作用离合器或双联离合器。

3.4

变速器综合传动效率 transmission integrated efficiency

按温度为 90℃，发动机最大扭矩点转速和最大扭矩条件下进行测试，以变速器最高的 3 个挡位的传动效率算术平均值表示。

3.5

当量公里 equivalent kilometer

对不同的运行负荷进行加权计算而得到的与特定或俗成的公里数相当的量。

3.6

异响 abnormal noise

变速器工作过程中出现不同于双离合器、阀体、油泵、齿轮、轴承等平稳工作时的异常响声。

3.7

抽吸性能 suction capability

变速器液压系统抽取油液建立油压的能力。

4 技术要求

4.1 基本要求

4.1.1 变速器各零部件应清洁，不得有影响总成清洁度值的杂物。

4.1.2 变速器轴承、油封等关键重要零部件装配前应涂兼容的润滑脂或润滑油，装配应有专用工具或辅具。

4.1.3 变速器各接合面及油封刃口不允许有渗油、漏油。

4.1.4 变速器各运动件应运动灵活，无卡滞和异响。

4.1.5 变速器各紧固件、油塞应按产品图规定的紧固力矩拧紧或安装，不得有松动和漏装。

4.1.6 变速器应保证换挡准确、可靠，无乱挡、挂不上挡及自行脱挡现象。

4.2 性能要求

4.2.1 电机驱动疲劳耐久。

按 5.2 规定的方法进行试验。按照整车道路谱试验不低于 16 万当量公里进行考核，在试验期间无脱挡、漏油、异响、剥落、轴承卡滞等故障，试验完成后变速器功能应正常。

4.2.2 润滑与抽吸性能。

按 5.3 规定的方法进行试验。试验中变速器主油路压力波动量 3s 时间内不得持续超过 ±0.8bar 影响变速器操控性能，检查变速器润滑情况，变速器零部件无异常磨损。

4.2.3 差速器可靠性。

差速器可靠性试验适用于自带差速器的双离合器自动变速器。按 5.4 规定的方法进行试验。分别完成高速低扭和低速高扭的循环试验后，差速器应转动灵活、无卡滞、异响等故障，变速器功能应正常。

4.2.4 换挡耐久。

按 5.5 规定的方法进行试验。按照整车道路谱试验不低于 16 万当量公里进行考核。在试验期间，任一挡不得出现换挡卡滞、乱挡、挂不上挡、连续 5 次明显撞击等换挡异常，试验完成后变速器换挡功能应正常。试验前后测量变速器各挡位同步器后备量，试验后各挡位后备量不得小于 0.5mm。

4.2.5 传动效率。

按 5.6 规定的方法进行试验。带差速机构的变速器，变速器综合传动效率不小于 93%；不带差速机构的变速器，变速器综合传动效率不小于 94%。

4.2.6 拖曳扭矩。

按 5.7 规定的方法进行试验。带差速机构的变速器，变速器各工况下的最大拖曳扭矩不超过 18N·m；不带差速机构的变速器，变速器各工况下的最大拖曳扭矩不超过 15N·m。

4.2.7 噪声。

4.2.7.1 按 5.8 规定的方法进行试验。

4.2.7.2 加载情况下稳态工况噪声测试。

测试持续时间在 30s 以上，变速器前进挡噪声不大于 83dB（A），倒挡噪声不大于 85 dB（A）。

4.2.7.3 加减速工况噪声测试。

记录测试过程噪声数据，不得出现主观无法接受的敲击噪声与啸叫噪声。

4.2.8 动态密封。

按 5.9 规定的方法进行试验。试验过程中各密封件不得有"滴"状渗油发生。

4.2.9 静扭强度。

按 5.10 规定的方法进行试验。变速器静扭强度后备系数 K_1 不小于 2.5，判定试验合格。

4.2.10 高速。

按 5.11 规定的方法进行试验。试验期间没有漏油等故障且轴承、齿轮等零件没有发生烧蚀或影响变速器运转的破损，判定试验合格。

4.3 清洁度

以出厂状态的变速器总成作为清洁度检测样本。按照 GB/T 14039—2002 中规定的方法进行检测，不得低于指标 20/18/15。

注：指标 20/18/15 为 1 mL 油液中大于 $4\mu m$ 的颗粒数为 5000～10000，大于 $6\mu m$ 的颗粒数为 1300～2500，大于 $14\mu m$ 的颗粒数为 160～320。

4.4 零部件材料

变速器零部件使用的原材料应符合 GB/T 30512—2014 中规定的要求。

5 试验方法

5.1 试验样品的选取、磨合及试验报告规范见附录 A。

5.2 电机驱动疲劳耐久试验

5.2.1 试验设备。

本试验设备应具有以下组成：

a) 驱动装置、加载装置，转速控制精度±0.5%，扭矩控制精度±1%；

b) 变速器润滑油温度控制装置，温度控制精度±5℃；

c) 数据记录仪，记录扭矩、转速、温度；

d) 标定数采设备、计时器；

e) 台架设备简图如图 1 所示。

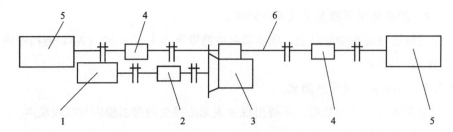

图 1   电机驱动疲劳耐久试验台架设备简图

1—驱动电机；2—输入扭矩仪；3—被试变速器；4—输出扭矩仪；5—负载电机；6—传动轴和联轴器

5.2.2   试验方法。

方法如下：

a)   变速器安装角度与整车安装角度一致；

b)   控制油温不得超过最高许用油温；

c)   磨合按附录 A 的规定进行；

d)   变速器输入扭矩按表 1 确定；

e)   输入转速为发动机最大扭矩点转速；

f)   整个试验分为 100 个循环，按低挡到高挡、倒挡的各挡位顺序进行；

g)   六挡、七挡变速器电机驱动疲劳耐久寿命试验指标见表 2，也可根据变速器的设计寿命对各挡位循环次数进行相应调整，但总循环次数不得低于表 2 的总和。

表 1   电机驱动疲劳耐久寿命试验输入扭矩参数

挡位	输入扭矩
一挡	驱动桥最大附着扭矩时,变速器输入端扭矩
其余前进各挡	M_{emax}
倒挡	$0.5M_{emax}$

注：M_{emax} 为发动机最大扭矩。

表 2   电机驱动疲劳耐久寿命试验指标

变速器类型	寿命指标——输入轴循环次数（$\times 10^5$）							
	一挡	二挡	三挡	四挡	五挡	六挡	七挡	倒挡
六挡变速器	≥10	≥35	≥70	≥100	≥140	≥220	—	≥6
七挡变速器	≥10	≥35	≥70	≥100	≥100	≥110	≥190	≥6

注：直接挡可不试验。

5.3   润滑与抽吸性能试验

5.3.1   试验设备。

本试验设备应具有以下组成：

a) 润滑与抽吸性能试验采用具有驱动装置的单电机试验台；

b) 驱动装置，转速控制精度±0.5％；

c) 模拟变速器外循环冷却能力的变速器润滑油温度控制装置，温度控制精度±5℃；

d) 台架可前、后、左、右旋转，最大旋转角度不得小于45°；

e) 数据记录仪，记录转速、温度；

f) 标定数采设备、计数器；

g) 台架设备简图如图2所示。

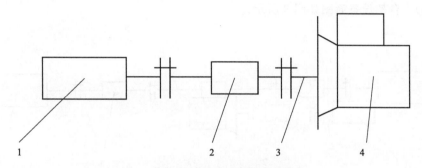

图 2　润滑与抽吸试验台架设备简图

1—驱动电机；2—支撑座；3—传动轴和联轴器；4—被试变速器

5.3.2 试验方法。

方法如下：

a) 离合器啮合状态与挡位相匹配；

b) 分别在冷热环境下，变速器通过前、后、左、右的不同测试角度，模拟加减速、转弯、上坡、下坡、侧倾等各种工况，以检验润滑与主油路压力的保持情况；

c) 试验参数见表3。

表 3　冷热环境试验参数

环境	试验油温	测试挡位	测试角度		转速	试验次数
热环境	90℃或按设计工作油温	所有前进挡与倒挡	两驱	前、后测试角度为30° 左、右测试角度为17°	以6πr/s² 的加速度提升转速从0至发动机最大转速，维持2min 最大转速，以6πr/s² 的制动减速度降低转速至0	所有工况重复100次
			四驱	前、后测试角度为45° 左、右测试角度为45°		
冷环境	−15℃或按设计工作油温	所有前进挡与倒挡	两驱	前、后测试角度为15° 左、右测试角度为15°		
			四驱	前、后测试角度为15° 左、右测试角度为15°		

5.4 差速器可靠性试验

5.4.1 试验设备。

本试验设备应具有以下组成：

a) 驱动装置、可分别控制两输出端扭矩和转速的加载装置，转速控制精度 ±0.5%，扭矩控制精度 ±1%；

b) 变速器润滑油温度控制装置，温度控制精度 ±5℃；

c) 数据记录仪，记录扭矩、转速、温度；

d) 标定数采设备、计时器；

e) 台架设备简图如图 3 所示。

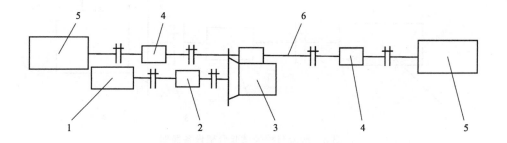

图 3　差速器可靠性试验台架设备简图

1—驱动电机；2—输入扭矩仪；3—被试变速器；4—输出扭矩仪；

5—负载电机；6—传动轴和联轴器

5.4.2 试验方法。

方法如下：

a) 变速器安装角度与整车安装角度一致；

b) 试验油温 95～105℃；

c) 磨合：其中任一个输出端固定不能转动，另一个输出端可自由转动，挂一挡，在空载下以 2000r/min 的输入转速运转不少于 30min，磨合后更换润滑油；

d) 高速低扭：挂上最高挡，50%～55% 最高输入转速，输入扭矩 30～35N·m，其中任一个输出端固定不能转动，另一个输出端可转动，时间不少于 30min；

e) 低速高扭：按表 4 规定的顺序和条件完成 200 个循环。

表 4　低速高扭试验参数

测试挡位	输入转速/(r/min)	差速器差速率	输入扭矩	
一挡	2000	12%～15%	步骤一	30 s内扭矩从 0 升到 75%发动机最大扭矩
			步骤二	维持 75%发动机最大扭矩 1min
			步骤三	30 s内扭矩从 75%发动机最大扭矩降到 0
			步骤四	空载运行 1 min

5.5　换挡耐久试验

5.5.1　试验设备。

本试验设备应具有以下组成:

a) 驱动装置、加载装置,转速控制精度±0.5%,扭矩控制精度±1%;

b) 变速器润滑油温度控制装置,温度控制精度±5℃;

c) 数据记录仪,记录扭矩、转速、温度;

d) 标定数采设备、计数器;

e) 变速器输出轴转速在换挡过程中的波动不大于设定转速的 5%;

f) 台架设备简图如图 4 所示。

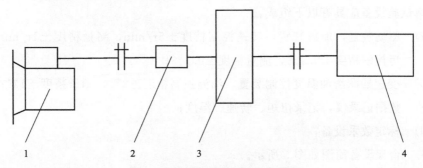

图 4　换挡耐久试验台架设备简图

1—被试变速器;2—输出扭矩仪;3—飞轮;4—负载电机

5.5.2　试验方法。

方法如下:

a) 试验前测量变速器各挡位同步器后备量;

b) 变速器安装角度与整车安装角度一致;

c) 控制油温不得超过最高许用油温;

d) 采用的换挡力控制策略与整车控制策略一致;

e) 以空挡-进挡的方式交替换挡,并保证挂进挡位时输入轴转速为发动机最大功率点转速的 65%～70%,确保每次换挡循环转速差均保持一致;

f) 试验频率为 10 次/min，也可根据变速器的设计要求对试验频率进行相应调整；

g) 整个试验分为 1000 个循环，按低挡到高挡、倒挡的各挡位顺序进行；

h) 六挡、七挡变速器换挡耐久寿命试验指标见表 5，也可根据变速器的设计寿命对循环次数进行相应调整，但总循环次数不得低于表 5 的总和。

表 5　换挡耐久寿命试验指标

换挡挡位	六挡变速器循环次数	七挡变速器循环次数
N- 1-N- 1…	≥80000	≥80000
N-2-N-2…	≥100000	≥100000
N-3-N-3…	≥300000	≥300000
N-4-N-4…	≥300000	≥300000
N-5-N-5…	≥100000	≥200000
N-6-N-6…	≥50000	≥100000
N-7-N-7…	—	≥50000
N-R-N-R…	≥10000	≥10000

5.6　传动效率试验

5.6.1　试验设备。

本试验设备应具有以下组成：

a) 驱动装置，加载装置，转速控制精度±5r/min，测量精度±1r/min，扭矩控制精度±0.4％，测量精度±0.1％；

b) 变速器润滑油温度控制装置，油温控制精度±2℃，测量精度±1℃；

c) 数据记录仪，记录扭矩、转速、温度；

d) 标定数采设备；

e) 台架设备简图如图 5 所示。

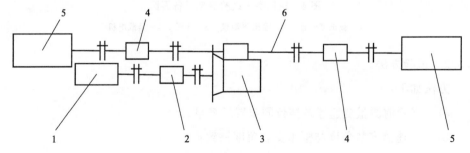

图 5　传动效率试验台架设备简图

1—驱动电机；2—输入扭矩仪；3—被试变速器；4—输出扭矩仪；5—负载电机；6—传动轴和联轴器

5.6.2　试验方法。

方法如下：

a) 变速器安装角度与整车安装角度一致；

b) 磨合按附录 A 的规定进行；

c) 采用的油压控制策略与整车控制策略一致；

d) 试验转速分别采用 1000r/min、2000r/min、3000r/min、4000r/min、5000r/min、发动机最高转速，其中应包括发动机最大扭矩点的转速；

e) 变速器输入扭矩为发动机最大扭矩的 10％、20％、30％、40％、50％、60％、80％、100％；

f) 变速器试验油温为 40℃、60℃、80℃、90℃、100℃；

g) 试验按低挡到高挡的挡位顺序，结合转速，扭矩，油温组合的要求依次测定；

h) 记录在不同的试验油温、不同的试验转速、不同的输入扭矩情况下的各挡位输出转速、输出扭矩，按式（1）计算传动效率，并按所测得的结果绘制成各挡在各温度下效率与转速、扭矩的关系曲线。

$$\eta = \frac{M_{左端输出}\; n_{左端输出} + M_{右端输出}\; n_{右端输出}}{M_{输入}\; n_{输入}} \tag{1}$$

式中 $M_{左端输出}$——变速器左输出端扭矩；

$n_{左端输出}$——变速器左输出端转速；

$M_{右端输出}$——变速器右输出端扭矩；

$n_{右端输出}$——变速器右输出端转速；

$M_{输入}$——变速器输入端扭矩；

$n_{输入}$——变速器输入端转速。

5.7 拖曳扭矩试验

5.7.1 试验设备。

本试验设备应具有以下组成：

a) 拖曳扭矩试验采用具有驱动装置的单电机试验台；

b) 驱动装置，转速控制精度±5r/min，测量精度±1r/min，扭矩测量精度±0.1％；

c) 变速器润滑油温度控制装置，油温控制精度±2℃，测量精度±1℃；

d) 数据记录仪，记录扭矩、转速、温度；

e) 标定数采设备；

f) 台架设备简图如图 6 所示。

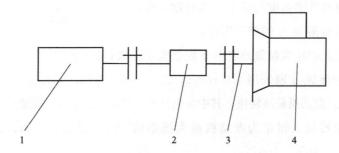

图 6　拖曳扭矩试验台架设备简图

1—驱动电机；2—扭矩仪；3—传动轴和联轴器；4—被试变速器

5.7.2　试验方法。

方法如下：

a)　变速器安装角度与整车安装角度一致；

b)　控制变速器油温在预定范围区间；

c)　磨合按附录 A 的规定进行；

d)　试验转速分别采用 1000r/min、2000r/min、3000r/min、4000r/min、5000r/min、发动机最高转速，其中应包括发动机最大扭矩点的转速；

e)　试验油温为 40℃、60℃、80℃、90℃、100℃；

f)　试验按低挡到高挡的挡位顺序，结合转速、油温组合的要求依次测定以下各工况的拖曳扭矩：

　　1)　离合器分离；

　　2)　离合器闭合且无挡位啮合；

　　3)　离合器闭合且各挡位依次啮合。

g)　按所测得的结果绘制在各温度下，变速器各工况拖曳扭矩与转速的关系曲线。

5.8　噪声测试

5.8.1　试验设备与环境。

本试验设备与环境应具有以下组成：

a)　按照 GB/T 6882—2008 中规定的要求，在半消声室中进行，本底噪声应比被试变速器噪声值小 10dB（A）以上；

b)　所有连接轴应考虑低噪声要求；

c)　驱动装置、加载装置，转速控制精度±0.5%，扭矩控制精度±1%；

d) 数据记录仪，记录扭矩、转速、温度；

e) 标定数采设备、计时器；

f) 声级计或声压数据采集处理系统；

g) 试验时环境温度范围为 10～40℃；

h) 台架设备简图如图 7 所示，分别在被试变速器的上、左、右、后 4 处布置声级计或麦克风。

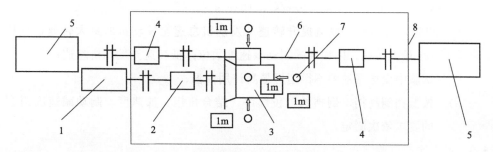

图 7 噪声试验台架设备简图

1—驱动电机；2—输入扭矩仪；3—被试变速器；4—输出扭矩仪；

5—负载电机；6—传动轴和联轴器；7—麦克风；8—消声室

5.8.2 试验方法。

5.8.2.1 加载情况下稳态工况噪声测试。

方法如下：

a) 变速器安装角度与整车安装角度一致；

b) 磨合按附录 A 的规定进行；

c) 麦克风的轴线垂直于变速器的表面，距壳体表面 1000mm；

d) 油温升到 60℃±5℃时，挂上试验挡位，将转速和扭矩设置到表 6 的规定值，测量并记录声压级；

e) 变速器各挡的噪声以 4 个测点中最大值作为各挡的噪声值。

表 6 变速器噪声测试参数

挡位	测试距离/mm	输入转速/(r/min)	输入扭矩/(N·m)
前进挡	1000±10	4000	发动机最大扭矩的 10%、20%、30%、40%、50%
倒挡	1000±10	2000	发动机最大扭矩的 10%、20%、30%、40%、50%

5.8.2.2 加减速工况噪声测试。

方法如下：

a) 变速器安装角度与整车安装角度一致；

b) 磨合按附录 A 的规定进行；

c) 麦克风的轴线垂直于变速器的表面，距壳体表面 1000mm；

d) 变速器输入扭矩为发动机最大扭矩的－20%、－10%、10%、20%、30%、40%、50%；

e) 变速器输入加速度与制动减速度数值为 $3\pi r/s^2$、$4\pi r/s^2$、$5\pi r/s^2$、$6\pi r/s^2$、$7\pi r/s^2$、$8\pi r/s^2$、$9\pi r/s^2$、$10\pi r/s^2$；

f) 以选定的加速度数值提升转速从发动机怠速至发动机的最大转速，维持 30s 最大转速，以相同的制动减速度数值降低转速至发动机怠速；

g) 试验中变速器油温不得超过最高许用油温；

h) 按低挡到高挡、倒挡的挡位顺序，结合扭矩、加速度、制动减速度组合的要求依次测定。

5.9 动态密封试验

5.9.1 试验设备。

本试验设备应具有以下组成：

a) 动态密封试验采用具有驱动装置的单电机试验台；

b) 驱动装置，转速控制精度±0.5%；

c) 变速器润滑油温度控制装置，油温控制精度±5℃；

d) 数据记录仪，记录转速、温度；

e) 标定数采设备、计时器；

f) 台架设备简图如图 8 所示。

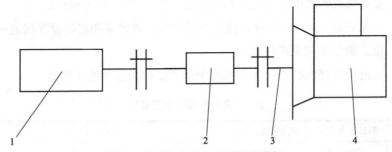

图 8　动态密封试验台架设备简图

1—驱动电机；2—扭矩仪；3—传动轴和联轴器；4—被试变速器

5.9.2 试验方法。

方法如下：

a) 变速器安装角度与整车安装角度一致；

b) 变速器的旋转方向和车辆前进时的旋转方向一致；

c) 按表7规定的顺序和条件完成5个循环，也可根据变速器的设计对试验油温进行相应调整，但总循环试验时间不得低于表7的总和。

表7　动态密封试验参数

试验步骤	挡位	试验油温	输入转速	每循环试验时间/min
1	最高挡	90℃	发动机最高转速	780
2	倒挡	90℃	发动机最高转速的一半	25
3	最高挡	大于或等于最高许用油温	发动机最高转速	300
4	倒挡	大于或等于最高许用油温	发动机最高转速的一半	10
5	冷却		0	210

5.10　静扭强度试验

5.10.1　试验设备。

本试验设备应具有以下组成：

a) 静扭试验采用具有驱动装置的单电机试验台；

b) 驱动装置，转速控制精度±0.5%，扭矩测量精度±1%，扭转角测量精度±1%；

c) 数据记录仪，记录扭矩、扭转角；

d) 台架设备简图如图9所示。

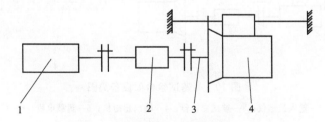

图9　静扭强度试验台架设备简图

1—驱动电机；2—扭矩仪；3—传动轴和联轴器；4—被试变速器

5.10.2　试验方法。

方法如下：

a) 变速器安装角度与整车安装角度一致；

b) 输出轴固定，输入轴扭转转速不超过15r/min；

c) 输入轴和输出轴只承受扭矩，不允许有附加的弯矩作用；

d) 轮齿受载工作面与汽车行驶工况相同；

e) 将变速器挂入某一挡位，开机加载，直至损坏或达到规定的扭矩为止，记录出现损坏时或达到规定的扭矩时输入轴的输入扭矩及转角；

f) 若出现轮齿折断，转过 120°后再试验，一个齿轮测试 3 个点，取平均值；

g) 由式（2）计算静扭强度后备系数 K_1。

$$K_1 = \frac{M}{M_{emax}} \tag{2}$$

式中 M——试验结束时记录的扭矩；

M_{emax}——发动机最大扭矩。

5.11 高速试验

5.11.1 试验设备。

本试验设备应具有以下组成：

a) 驱动装置、加载装置，转速控制精度±0.5%，扭矩控制精度±1%；

b) 变速器润滑油温度控制装置，温度控制精度±5℃；

c) 数据记录仪，记录扭矩、转速、温度；

d) 标定数采设备、计时器；

e) 台架设备简图如图 10 所示。

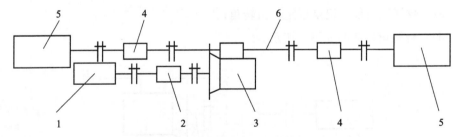

图 10　高速试验台架设备简图

1—驱动电机；2—输入扭矩仪；3—被试变速器；4—输出扭矩仪；5—负载电机；6—传动轴和联轴器

5.11.2 试验方法。

方法如下：

a) 变速器安装角度与整车安装角度一致；

b) 控制油温为最高许用油温；

c) 磨合按附录 A 的规定进行；

d) 各挡按表 8 规定的挡位、转速、扭矩运转规定时间，也可根据变速器的设计进行相应调整，但试验持续时间不得低于表 8 的要求。

表 8 高速试验参数

挡位	输入转速/(r/min)	输入扭矩/(N·m)	持续时间/min
一挡至次高挡	4000	4000r/min 时的发动机最大扭矩	≥30
	发动机最高转速	发动机最高转速时的最大扭矩	≥30
最高挡	4000	4000r/min 时的发动机最大扭矩的 85%	≥300
R_{ev}	3000	3000r/min 时的发动机最大扭矩	≥10

附录 A

(规范性附录)

试验通用要求

A.1 试验样品

样品的选取和处理如下:

a) 试验样品应随机抽取;

b) 样品数量:每项试验的样品不少于 3 台;

c) 根据试验项目要求,试验前对试验样品进行原始数据测量并记录;

d) 按规定加注润滑油。

A.2 磨合规范

在做电机驱动疲劳耐久试验、效率试验、拖曳扭矩试验、噪声测试、高速试验前,应对试验样品进行磨合,其规范如下:

a) 输入轴转速为 3000r/min,转速控制精度±0.5%;

b) 输入轴扭矩为发动机最大扭矩的 50%,扭矩控制精度±1%;

c) 磨合过程中油温不得超过最高许用油温;

d) 前进各挡磨合时间分别不少于 60min,倒挡磨合不少于 30min;

e) 磨合后的变速器根据设计要求,确定是否更换润滑油。

A.3 试验报告

试验完成后按下列内容编写试验报告:

a) 试验项目和要求;

b) 试验依据;

c) 试验条件和试验样件;

d) 变速器型号、编号;

e) 试验结果及分析;

f) 试验单位、报告人、审核人、日期。

参 考 文 献

[1] 阮忠唐. 机械无级变速器 [M]. 北京：机械工业出版社，1983.

[2] 张伟华，程乃士，谢里阳. 直母线锥盘金属带式无级变速器带的轴向偏移分析 [J]. 中国机械工程，2007，8 (18)：1005-1007.

[3] 程乃士，张伟华，杨会林，等. 汽车金属带式无级变速器 CVT 原理和设计 [M]. 北京：机械工业出版社，2004.

[4] 周有强，崔学良，董志峰. 机械无级变速器发展概述 [J]. 机械传动，2005，29 (1)：65-68.

[5] Van der Sluis F，Van Dongen T，Van Spijk G J，et al. Fuel economy potential of the pushbelt CVT [C]. Fisita 2006 congress，Yokohama，2006.

[6] Van der Sluis，F，Van Dongen T，Van Spijk G J. Fuel consumption potention of the pushbelt CVT [C]. FISITA 2006：218.

[7] Ohashi A，Sato Y，Kajikawa K，et al. Development of high-efficiency CVT for luxury compact vehicle [J]. SAE paper 2005-01-1019，SAE 2005.

[8] Gerbert B G. Some notes on V-belt drives [J]. ASME Journal of Mechanical Design，1981，103 (1)：9-15.

[9] Kazuma Hatada. An implicit FE analysis of power transmitting mechanisms of CVT using a dry hybrid V-Belt [J]. SAE，2002，01 (0698)：1-9.

[10] 杨亚联. 金属带无级自动变速传动的关键问题研究 [D]. 重庆：重庆大学，2002.

[11] 潘国扬，石晓辉，郝建军，等. 新型无级变速器（CVT）技术解析 [J]. 重庆理工大学学报（自然科学），2015 (02)：30-35.

[12] 安颖. 金属带式无级变速器传动特性及其综合控制技术研究 [D]. 长春：吉林大学，2012.

[13] Shimokawa Y. Technology development to improve jatco CVT8 efficiency [C] // SAE 2013 World Congress & Exhibition，2013.

[14] Taiki Ando，Tooru Yagasaki，Shuji Ichijo. Improvement of transmission efficiency in CVT shift mechanism using metal pushing V-Belt [J]. SAE Int. J. Engines，2015，3 (8)：1391-1397.

[15] Yamaguchi M，Ootaki M，Ito K，et al. Torque converter-type high fuel economy CVT for small passenger vehicles [C] //SAE World Congress & Exhibition，2009.

[16] Maruyama F，Kojima M，Kanda T. Development of new CVT for compact car [J]. SAE Technology Paper，2015.

[17] Robert Bosch GmbH. Continuously variable transmission：benchmark，status & potentials [R]. Stuttgart：Bosch GmbH，2007.

[18] Aoyama T，Takahara H，Kuwabara S，et al. Development of new generation continuously variable

transmission [J] . Pediatrics，2014，53 (5)：726-36.

[19] Gerbert G. Metal V-belt mechanics [C] //Design Engineering Technology Conference，ASME，1984.

[20] Becker H J. Mechanik des Van Doorne CVT-Schubgliederbandes [J] . Antriebstechnik，1987，26 (8)：47-52.

[21] Jun Hakamagi，Kono T，Habuchi R，et al. Development of new continuously variable transmission for 2. 0-liter class vehicles [C] //SAE 2015 World Congress & Exhibition，2015.

[22] Sluis F V D，Dongen T V，Spijk G J V，et al. Efficiency optimization of the pushbelt CVT [J]. Drive-etrains，2007.

[23] Fujii T，Kurokawa T，Kanehara S，et al. A study of a metal pushing V-Belt type CVT (Part 1：relation between transmission torque and pulley thrust) [J] . SAE Transactions，1993，93 (0666)：1-8.

[24] Fujii T，Kurokawa T，Kanehara S，et al. A study of a metal pushing V-Belt type CVT (Part 2：compression force between metal blocks and ring tension)[J] . SAE Transactions，1993，93 (0667)：1000-1009.

[25] Akehurst S，Vaughan N D，Parker D A，et al. Modeling of loss mechanisms in a ushing metal V-belt continuously variable transmission (Part 1：torque losses due to band friction) [J] . Journal of Automobile Engineering，2004，218 (11)：1269-1281.

[26] Akehurst S，Vaughan N D，Parker D A，et al. Modelling of loss mechanisms in a pushing metal V-belt continuously variable transmission. Part 3：belt slip losses [J] . Proceedings of the Institution of Mechanical Engineers-Part D，2004，218 (218)：1295-1306.

[27] Lee H，Kim H. Analysis of primary and secondary thrust of a metal belt CVT (Part I ：new formula for speed ratio-torque-thrust relationship considering band tension and block compression) [J]. Transaction of the Korean Society of Automotive Engineers，1999，7 (6)：1261-1264.

[28] Micklem J D，Longmore D K，Burrows C R. Belt torque loss in a steel V-belt continuously variable transmission (Part D：Automobile Engineering) [J] . Proc. Instn Mech. Engrs，1994，208：91-97.

[29] Guebeli M，Micklem J D，Burrows C R. Maximum transmission efficiency of a steel belt continuously variable transmission [J] . Journal of Mechanical Design，1993，115 (4)：1044-1048.

[30] Micklem J D，Longmore D K，Burrows C R. The magnitude of the losses in the steel pushing V-Belt continuously variable transmission [J] . Proceedings of the Institution of Mechanical Engineers Part D Journal of Automobile Engineering，1996，210 (14)：57-62.

[31] Gerbert B G. Skew V-belt pulleys [C] //International Conference on Continuously Variable Power Transmission. Yokohama，1996，1-8.

[32] Sattler H. Efficiency of metal chain and V-belt CVT [C] //CVT' 99 Congress. Eindhoven，1999：99-104.

[33] Roberto Cipollone，Enrico Damato. A theoretical and experimental procedure for design optimization of CVT belts [J] . SAE，2003，01 (0973)，1-6.

[34] Claudio Annicchiarico，Renzo Capitani. Stress analysis of a CVT Belt transmission [J] . SAE，2010，32 (0032)：1-7.

[35] Ryu W, Kim H. Belt-pulley mechanical loss for a metal belt continuously variable transmission [J]. Proceedings of the Institution of Mechanical Engineers Part D Journal of Automobile Engineering, 2007, 221 (1): 57-65.

[36] Kim H, Lee J. Analysis of belt behavior and slip characteristics for a metal V-belt CVT [J]. Mechanism & Machine Theory, 1994, 29 (6): 865-876.

[37] Robertson A J, Tawi K B. Misalignment equation for the Van Doorne metal pushing V-belt continuously variable transmission [J]. Proceedings of the Institution of Mechanical Engineers Part D Journal of Automobile Engineering, 1997, 211 (2): 121-128.

[38] 孙东野，秦大同，杨亚联.金属带式无级变速传动（CVT）装置关键件结构的强度分析 [J].机械传动，1998，22（4）：28-31.

[39] 卢小虎，陈跃平，何维廉.CVT 金属带的结构与强度分析 [J].传动技术，2007，21（2）：20-27.

[40] 傅兵.CVT 带轮变形及金属带轴向偏置研究 [D].长沙：湖南大学，2011.

[41] 傅兵，蔡源春，周云山，等.金属带式无级变速器带轮变形分析 [J].汽车工程，2011（12）：1051-1056.

[42] 张武，周春国，刘凯.金属带式无级变速器带轮变形研究 [J].中国机械工程，2010（15）：1771-1774.

[43] 李磊，石晓辉，程乃士，等.国产 CVT 金属带摩擦片强度分析 [J].重庆工学院学报（自然科学版），2009（07）：22-26.

[44] 李磊，石晓辉，程乃士，等.CVT 金属带摩擦片失效机理的研究 [J].机械传动，2011（03）：47-49.

[45] 张伯英，周云山，张友坤，等.金属带式无级变速器电液控制系统的研究 [J].汽车工程，2001，23（5）：315-318.

[46] 薛殿伦，张友坤，周云山，等.EQ6480 客车电控系统试验 [J].汽车工程，2004，26（4）：446-449.

[47] 孙冬野，汪新国，胡建军，等.金属带式无级变速器传动液压系统的设计方法 [J].重庆大学学报，2005，28（12）：1-5.

[48] 王红岩，秦大同，张伯英，等.无级变速汽车性能要求的液压控制实现 [J].传动技术，2000（4）：21-25.

[49] 宋锦春，姚利松，程乃士，等.汽车金属带式无级变速器液压控制原理及数学模型 [J].东北大学学报，1999，20（3）：279-282.

[50] 程乃士，张德臻，刘温.金属带式车用无级变速器 [J].中国机械工程，2000，11（12）：1421-1423.

[51] 杨亚联，秦大同，王红岩，等.CVT 无级变速传动钢带的轴向偏移分析 [J].重庆大学学报（自然科学版），1999（06）：1-7.

[52] 张伟华，程乃士，孙德志，等.金属带式无级变速器锥盘母线的设计方法 [J].东北大学学报，2001（03）：279-281.

[53] 郭毅超，何维廉，黄宏成.金属带式 CVT 的钢带轴向偏移分析 [J].传动技术，2001（04）：43-47.

[54] 王红岩，杨志华，白雪，等. 金属带式无级变速器装置带轮工作面形状与带轴向偏移的分析 [J].吉林工业大学学报，1997（04）：17-22.

[55] K Narita，M Priest. Metal-metal friction characteristics and the transmission efficiency of a metal V-belt-type continuously variable transmission [J]. Proc. IMechE，Part J：Engineering Tribology，2007（221）：11-26.

[56] Akehurst S，Vaughan N D，Parker D A，et al. Modeling of loss mechanisms in a pushing metal V-belt continuously variable transmission. Part 1：torque losses due to band friction [J]. Proc. IMechE，Part D：Journal of Automobile Engineering，2004，218（11）：1269-1281.

[57] S Akehurst，N D Vaughan，D A Parker，et al. Modeling of loss mechanisms in a pushing metal V-belt continuously variable transmission. part 2：pulley deflection losses and total torque loss validation [J]. Journal of Automobile Engineering，2004，218（11）：1283-1293.

[58] Akehurst S，Vaughan N D，Parker D A，et al. Modeling of loss mechanisms in a pushing metal V-belt continuously variable transmission. Part 3：belt slip losses [J]. Proceedings of the Institution of Mechanical Engineers-Part D，2004，218（218）：1295-1306.

[59] 傅兵. 金属带式无级变速器传动损失及效率提升方法研究 [D]. 长沙：湖南大学，2018.

[60] 张晓茹. 滑移控制模式下金属带式无级变速器传动特性及效率分析 [D]. 湘潭：湘潭大学，2013.

[61] 张发军，刘中，周长，等.CVT 金属带轴向偏斜对功率损失影响的研究 [J]. 机械传动，2013（06）：13-16.

[62] 娄锋. 金属带式无级变速器的传动性能和动力学分析 [D]. 沈阳：东北大学，2010.

[63] 王文玺. 金属带式无级变速器动力学仿真及效率研究 [D]. 太原：太原理工大学，2013.

[64] 黄卫东. 金属带式 CVT 变速器传动效率及影响因素研究 [D]. 哈尔滨：哈尔滨工程大学，2006.

[65] Zhang Wu，Guo Wei，Zhang Chuanwei，et al. Loss of strain energy in metal belt for continuously variable transmissions（CVT）[J]. Journal of Mechanical Science and Technology，2015，29（7）：2905-2912.

[66] 杨凯. 金属带式 CVT 夹紧力控制及液压控制系统的仿真分析 [D]. 长沙：湖南大学，2012.

[67] 张柏英. 金属带式无级变速传动机理与控制的研究 [D]. 长春：吉林工业大学，2002：2-72.

[68] 关平. 金属带式无级变速汽车建模与性能评价 [D]. 长沙：湖南大学，2007.

[69] 薛殿伦，杨凯，程金接，等. 金属带式无级变速器夹紧力的分析与研究 [J]. 汽车工程，2012，34（10）：923-927.

[70] 吴军. 金属带式无级变速器的模型建立与控制策略的研究 [D]. 长沙：湖南大学，2012：9-16.

[71] 徐铭志. 基于神经网络 PID 的金属带式无级变速器速比控制研究 [D]. 秦皇岛：燕山大学，2016.

[72] 陈伟生. 金属带式无级变速器速比控制的研究 [D]. 长沙：湖南大学，2009.

[73] 孙琦，过学迅，付畅. 金属带式 CVT 模糊控制研究 [J]. 汽车技术，2008（10）：31-34.

[74] Kong Xiangzhen，Zang Faye. Intelligent hybrid control for secondary regulation transmission system [C] //Proceedings of the IEEE International Conference on Automation and Logistics Shenyang，China August 2009. 2009：726-729.

[75] 施普尔·克劳舍. 虚拟产品开发技术 [M].宁如新，杨广勇，林益耀，等译. 北京：机械工业出版

社，2000.

[76] 赵庆荣，武松涛.基于 ObjectARX2000 三维图形装配过程仿真 [J].机械设计与制造，2003（5）：17-18.

[77] 顾寄南，张之禹.三维机械零件图的形成及装配过程的仿真研究 [J].机械研究与应用，1999（4）：36.

[78] 臧发业，周军，杨学锋.基于虚拟制造环境下金属带式 CVT 装配过程仿真 [J].机械设计与制造，2005（12）：56-57.

[79] 周军，臧发业，杨学锋.金属带式无级变速器虚拟制造环境中建模与装配仿真 [J].起重运输机械，2006（1）：23-26.

[80] Emery Hendriks. Aspects of a metal pushing V belt for automotive car application [J]. SAE Paper, 1988，88174：4.1311-4.1321.

[81] 王幼民，唐铃凤.金属带式无级变速器的研究综述 [J].机械传动，2007（6）：95-100.

[82] 刘勇.全球汽车市场评析及预测 [J].汽车与配件，2014，34（9）：34-37.

[83] 李春青，彭建中，吴彤峰.国内外汽车无级变速（CVT）技术的发展概况 [J].广西工学院学报，2004（4）：19-23.

[84] 李育贤，么丽欣，左培文.CVT 变速器技术发展状况与市场分析 [J].汽车工业研究，2015（1）：24-26.

[85] 陈诗芒，袁野，张海源，等.浅谈汽车 CVT 无级变速器技术 [J].黑龙江科技信息，2015（16）：59.

[86] Kobayashi D，Mabuchi Y，Katoh Y. A study on the torque capacity of a metal pushing V-belt for CVTs [C] //Society of Automotive Engineers Transmission and Driveline Systems Symposium，1998，Detroit：SAE，1998：980822.

[87] Ono Y，Matsumoto K，Mihara Y. Strain analysis of belt element-pulley interaction of an automobile CVT under actual vehicle speed condition [J]. SAE Int. J. Engines，2017，10（3）：1313-1317.

[88] 郭毅超，何维廉.金属带式无级变速器的力学分析 [J].机械传动，2002（01）：41-44.

[89] Yoshida H. A study of forces acting on rings for metal pushing V-belt type CVT [J]. Journal of Ancient Egyptian Interconnections，1997，106（6）：1218-1223.

[90] Emery H. A spects of a metal pushing V-belt for automotive car application [J]. Society of Automotive Engineers Paper，1988，81（4）：1311-1321.

[91] Hiroki A. Mechanism of metal pushing belt [J]. Society of Automotive Engineers of Japan Review，1995，117（2）：171-174.

[92] Sun D C. Performance analysis of avariable speed-ration metal V-belt drive [J]. Transaction of the American Society of Mechanical Engineers，1988，110（4）：472-481.

[93] Kim K，Kim H. Axial forces of a V-belt CVT [J]. KSME Journal，1989，3（1）：56-61.

[94] 戴兴梦，胡玉梅，余媛媛，等.金属带式无级变速器带轮变形摩擦损失分析 [J].机械科学与技术，2020.

[95] 王红岩.金属带式无级变速传动系统分析、匹配与综合控制的研究 [D].长春：吉林大学，1998.

［96］ 崔环宇．金属带式 CVT 液压控制系统参数匹配与动态控制研究 ［D］．重庆：重庆理工大学，2019．

［97］ 刘中．金属带无级变速器功率损失机理及其跑偏控制策略研究 ［D］．宜昌：三峡大学，2013．

［98］ 纪璐．金属带式 CVT 带轮变形及其影响研究 ［D］．湘潭：湘潭大学，2017．

［99］ 刘凯．CVT 金属带轴向偏移及控制方法研究 ［D］．湘潭：湘潭大学，2016．

［100］ 杨树军，蔡兴，陈俊杰．多段金属带复合无级传动理论研究 ［J］．机械设计，2008（07）：48-50．

［101］ 傅兵，周云山，胡晓岚，等．金属带式无级变速器钢环摩擦损失 ［J］．机械工程学报，2018，54 （14）：169-178．

［102］ 臧发业．新型汽车金属带式无级变速器电液控制系统的设计 ［J］．液压与气动，2004（08）：31-32．

［103］ 钱峰．金属带式无级变速器传动钢带轴向跑偏的控制研究 ［D］．济南：山东大学，2006．

［104］ 诸静．模糊控制原理与应用 ［M］．北京：机械工业出版社，1995．

［105］ 张艳玲，王耀南，薛殿伦．模糊自适应 PID 控制器在 CVT 速比控制中的应用 ［J］．自动化技术与 应用，2005，24（2）：48-50．

［106］ Saito T. Dynamics of CVT metal pushing V-belt co-simulating with feedback control and finite element analysis ［C］//2010 Biennial Conference on Engineering Systems Design and Analysis. ASME，2010：387-395．

［107］ Fang Zhiqiang，Wang Hongyan，Wang Liangxi. Adaptive fuzzy control for vehicle ［J］. Journal of Beijing Institute of Technology，2005，14（3）：344 -348．

［108］ 薛殿伦，张友坤，郑联珠，等．金属带式无级变速器的速比控制 ［J］．农业机械学报，2003，34 （03）：8-11．

［109］ 栾文博，周云山．金属带式无级变速器 Fuzzy ＿ PI 复合速比控制系统研究 ［J］．汽车工程，2010，32（09）：778-782．

［110］ 马士泽，雷雨成．金属带式无级变速器速比控制研究 ［J］．同济大学学报，2003，31（02）：209-211．

［111］ 臧发业，吴芷红．金属带式无级变速器传动钢带跑偏控制研究 ［J］．机械设计与研究，2005（02）：51-53．

［112］ Saito T. Dynamic simulation technique for prediction of stress on element of metal pushing V-belt under CVT operation ［C］//ASME，Biennial Conference on Engineering Systems Design and Analysis. 2006：177-183．

［113］ Srivastava N，Haque I. A review on belt and chain continuously variable transmission（CVT）：dynamics and control ［J］. Mechanism and Machine Theory，2009，44：19-41．

［114］ Bullinger M，Funk K，Pfeiffer F. An elastic simulation model of a metal pushing V-belt ［J］. Advances in Computational Multibody Systems，2005：269-293．

［115］ Tohru I，Udagawa A，Kataoka R. Simulation approach to the effect of the ratio changing speed of a metal V-belt CVT on the vehicle response ［J］. Vehicle System Dynamics，1995，24（4）：377-388．

［116］ Pennestri E，Sferra D，Valentini P P，et al. Dynamic simulation of a metal belt CVT under transient conditions ［C］//2002 International Design Engineering Technical Conferences and Computers and Information in Engineering Conference. ASME，2002：261-268．

[117] Rolf P, Lino G, Chris H O. A control-oriented CVT model with nonzero belt mass [J]. American Society of Mechanical Engineers Transactions, 2002, 124 (3): 481-484.

[118] Saito T, Lewis A D. Development of a simulation eechnique for CVT metal pushing V-belt with feedback control [J]. SAE Transactions, 2004: 2004011326.

[119] 臧发业. 金属带式 CVT 钢带轴向跑偏电液控制系统的仿真 [J]. 机械传动.2009, 33 (04): 58-60.

[120] Wang Hongyan, Qin Datong, Zhang Boying, et al. Experiment study on speed ratio control metal V-belt type CVT [J]. Chinese Journal of Mechanical Engineering, 2004, 17 (1): 11-15.

[121] Tohru I, Hirokazu U. Experimental investigation on shift speed characteristics of a metal V-belt CVT [C] //Proceedings of International Conference on Continuously Variable Power Transmission, Yokohama, 1996: 59-64.

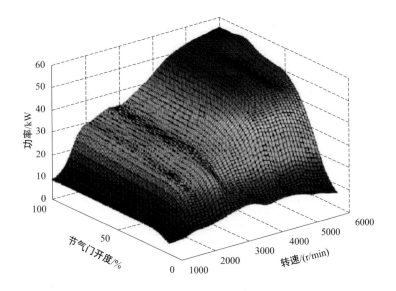

彩图1.23　发动机输出功率数值模型

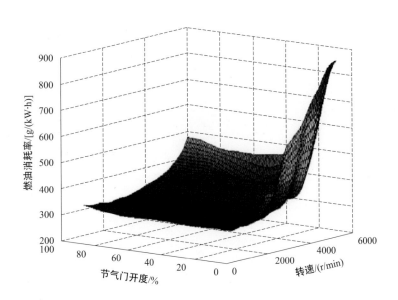

彩图1.24　发动机燃油消耗率数值模型

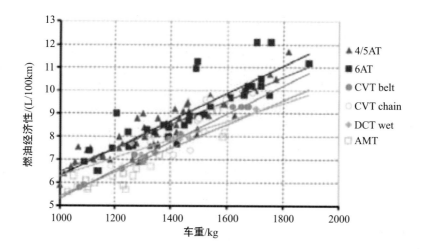

彩图1.11　NEDC循环前置前驱非增压汽油机车型比较

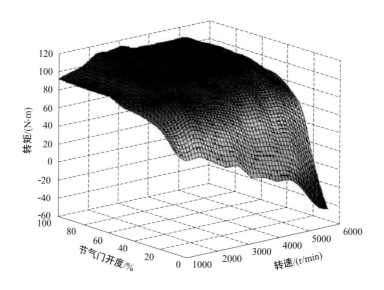

彩图1.22　发动机稳态输出转矩数值模型

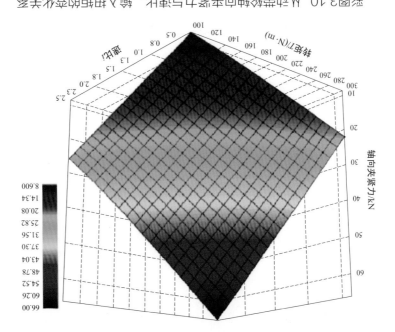

彩图3.10 从动带轮轴向夹紧力与速比、输入扭矩的变化关系

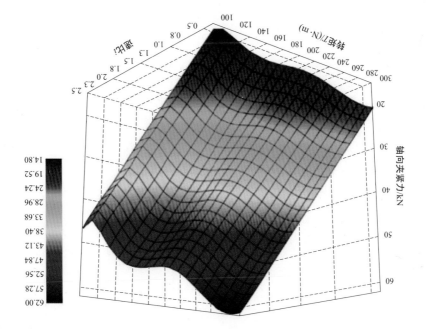

彩图3.9 主动带轮轴向夹紧力与速比、输入扭矩的变化关系

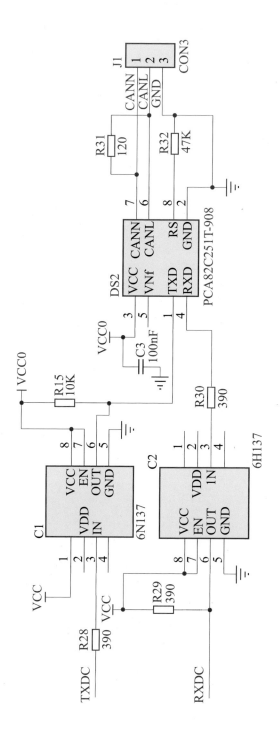

彩图6.9 CAN接口电路